소설로 알아보는
바이오
사이언스

소설로 알아보는
바이오 사이언스

전승민 지음

세종

시대가 급변하고 있습니다. 전염병이 전 세계를 휩쓸면서 우리의 생활이 큰 폭으로 바뀌었기 때문입니다. 외국으로 여행을 가는 일도 쉽지 않고, 툭하면 방역지침이 바뀌며 친구들과 모임 한번 갖기도 힘든 삶이 계속되고 있습니다. 이런 생활은 앞으로 점점 개선되겠지만, 우리의 삶은 신종 코로나바이러스 감염증(Covid-19, 이하 '코로나19') 대유행 이전으로 완전히 돌아가기는 어려울 것 같습니다. 이미 우리의 생활방식이 너무 많이 달라졌기 때문이지요.

세상이 이렇게 변할 때까지 사실 우리가 가지고 있는 생명과학과 의학 기술은 너무도 무력했습니다. 하지만 2019년 말 이후, 우리는 새로운 경험을 통해 미래를 다시 준비하게 되었습니다. 앞으로 세상은 어떻게 변하고, 또 어떻게 바뀌어 나갈까요.

지금까지 살아오면서 사실 바이오기술에 크게 관심을 두는 게 쉽지 않으셨을 겁니다. 정보기술Information Technology, IT 분야나 기계, 산업, 군사 기술 등과 달리 우리의 삶에 직접적으로 영향을 미치는 경우가 많지 않았기 때문입니다. 물론 의학 분야는 바이오 과학을 무기로 최전선에서 병과 싸우고 있습니다만, 어딘가 아파서 병원에 가지 않는 한 일상생활 속에서 바이오의 중요성을 체감하는 것은 그리 쉽지 않았습니다.

하지만 코로나19 이후 세상을 바꿀 기술 중 우리가 가장 큰 관심을 가져야 할 것은 역시 '바이오' 분야, 즉 생명과학 분야의 과학기술일 것 같습니다. 변화할 산업도, 앞으로 누려야 할 생활도, 다가올 미래도 모두 바이오에 관심을 가져야만 올바르게 이해할 수 있는 세상이 오고 있습니다.

문제는 생명과학 분야 지식에 일반인이 접근하기는 쉽지 않다는 것입니다. 이럴 때는 관련 지식을 충분히 알고 있는 전문가가 알기 쉽게 이야기하고 설명해 주는 배려가 필요합니다만, 막상 그런 친절한 사람은 찾기 어려운 경우가 많습니다. 실제로 연구 현장에 가면 "대중은 말을 잘 이해하지 못하니 오해를 피하려면 아예 입을 다물어야 한다"고 이야기하는 과학기술인을 적지 않게 볼 수 있지요.

하지만 다행히 생각이 깊은 분들을 중심으로 대중과 소통하려는 노력도 적지 않게 이뤄지고 있습니다. 이 책에서 소개하는 내용 역시 그런 노력의 일환이 아닐까 생각합니다.

이 책에 소개된 내용은 한국생명공학연구원 '국가생명공학정책연구센터'의 생명과학 정책 연구진이 전문 과학자들에게 조사를 진행하고, 신뢰할 수 있는 전문위원들의 검증을 통해 선정하여 매년 한 차례씩 발표하고 있는 '10대 바이오 미래유망기술'에 바탕을 두고 있습니다. 앞으로 미래에 어떤 과학기술이 등장할지 매년 연구하고, 그 성과를 대중에게 소개하기 위한 연구 기관의 노력이었지요.

저자는 그간 이 작업에 참여해 공동으로 일해 왔습니다. 2019년부터 2년 동안 국가생명공학정책연구센터가 발표한 바이오 미래유망기술이 완전히 실용화된 2035~2041년 사이의 미래가 되면 우리 사회를 어떻게 바꾸게 될까를 고민해 보고, 그 내용을 짤막한 단편 소설 형식으로 연재한 적이 있습니다.

이 책은 그렇게 연재했던 내용을 한 권의 책으로 묶은 것입니다. 이해하기 쉬운 순서로 새롭게 정리하고, 일부 내용을 다시 수정했으며, 알기 쉬운 해설을 추가하여 미래 사회의 모습뿐 아니라 생명과학에 대한 상식도 쉽게 이해하실 수 있도록 했습니다. 국내 생명과학 연구의 중심기관에서 소개한 유망기술을 정리한 만큼, 현시대에서 가장 주목받는 생명과학 기술을 한 권에 모두 담았습니다.

소설 자체의 완성도로 보면 내용의 흐름이 조금은 억지스럽고 유치하게 느껴질 수 있음을 미리 고백합니다. 저자가 소설을 쓰는 일에 익숙하지 않은 것이 가장 큰 이유겠지만, 줄거리의 개연성보다는 미래의 모습과 기술을 소개하는 데 더 중점을 두고 글의 흐름을 거기에 맞춘 경우가 적지 않기 때문입니다. '첨단 생명과학기술이 자리 잡은 미래의 사람들은 이런 삶을 살고 있지 않을까' 하는 아이디어를 최대한 담기 위해 애썼습니다. 또 저자의 주관, 혹은 허구의 소설 부분을 표현한 내용 이외의 모든 자료는 과학적 사실에 근거했다는 점도 미리 알려드립니다.

긴 기간 연재하는 동안 끊임없이 응원해 준 국가생명공학정책센터 여러분께, 졸저를 읽고 과학적인 오류를 하나하나 잡아 준 한국생명공학연구원 과학기술인 여러분께 큰 감사를 드립니다. 대중이 관심을 가질 수 있는 과학, 대중의 미래를 바꿀 수 있는 기술은 어떤 것이 있을까, 그리고 그런 기술이 우리의 생활을 어떻게 바꿀 수 있을까 생각해 본다면, 과학은 재미있고 흥미진진한 미래를 우리에게 소개해 줄 것이라고 믿습니다. 건강상의 문제로 늦어진 출간 일정을 기다리며 묵묵히 응원해 준 출판사에게도 큰 감사를 전합니다.

전승민 올림

이 책을 읽는 방법

이 책에는 모두 21편의 단편 소설이 담겨 있습니다. 한국생명공학연구원 국가생명공학정책연구센터에서 매년 미래에 꼭 필요한 10대 생명과학기술을 선정하는 '10대 바이오 미래유망기술'의 2019년, 2020년 발표분을 짧은 단편 소설로 적어 본 것입니다. 2019년과 2020년, 10편씩을 합해 모두 20편입니다. 그리고 여기에 2021년 새롭게 발표한 '2021 바이오 미래유망기술'의 내용 중 감염병 예방과 관련된 5개의 기술만을 뽑아 정리한 한 편의 소설이 더 들어 있습니다.

2021 바이오 미래유망기술을 모두 싣지 않은 이유는 제가 2021년에는 10회에 걸쳐 소설을 연재하지 않았기 때문입니다. 3년이나 반복해 소설을 쓰다 보니, 세부적인 기술은 새로운 것이 소개됐지만 그 기술이 그리는 미래의 모습은 큰 차이가 나지 않는 경우가 많습니다. 여기에 2021 바이오 미래유망기술은 코로나19 시기에 맞춰 감염병 관련 유망기술이 다수 포함돼 있었습니다. 이 점에 착안해 감염병 정복 관련 내용으로 정한 뒤 2021년 전체 기술을 한 편의 소설로 정리했습니다. 그래서 10+10+1편, 모두 21편, 총 25개 기술로 이루어져 있습니다. 수정 전의 모든 미래유망기술 발표 내용과 단편 소설 내용은 국가생명공학정책연구센터 사이트인 바이오인 www.bioin.or.kr 에서 확인할 수 있습니다.

단편 소설 제목 옆에 2035년, 2040년 혹은, 2041년이라고 적혀 있는데, 이것은 미래 사회의 연도를 나타냅니다. 이 시대가 되면 바이오 기술을 통해 세상이 얼마나 좋아질지를 가늠해 보시면 좋을 것 같습니다. 2035 소설은 주인공인 '강현'이라는 한 천재 과학자의 넉살 좋은 연구소 생활 이야기로, 2040 소설은 단장으로 승진한 강현의 후배로 들어온 '김수민' 박사의 성장을 강현 단장이 돕는 이야기로 구성되어 있습니다. 2041 소설도 한 편 나오는데, 어엿한 과학자로 성장한 김수민 박사의 하루를 그리고 있습니다.

이 책의 순서는 바이오인 사이트에 연재된 것과는 조금 다릅니다. '바이오 미래유망기술'은 본래 플랫폼바이오, 레드바이오, 화이트바이오 등의 다소 생소한 구분을 통해 생명과학기술을 목적에 맞게 구분하고 있습니다만, 3년간의 내용을 하나로 모으다 보니 새로운 구분이 필요했기 때문입니다. 따라서 기존 연재 순서에 크게 개의치 않고, 독자께서 생명과학 그 자체를 알기 쉽게 이해하시는 데 도움이 되도록 내용과 순서를 새롭게 정리했습니다. 연재할 때부터 '옴니버스'식 형태여서 순서에 큰 의미가 없기 때문에 이해하시는 데 어려움은 없으실 것입니다. 다만 2035년에는 연구원이었던 강현이 2040년에 단장이 되었다는 점과 2035년에는 연인 사이인 강현과 권하선이 2040년에는 부부가 되었다는 점에서 호칭과 관계가 때에 따라 달라지는 부분이 있습니다. 본래 연재 순서를 확인하고 싶으신 분은 책의 맨 뒤 [부록]을 확인해 주시면 감사하겠습니다. 또한 소설 속의 모든 설정(인물, 단체, 기업)은 모두 가상임을 밝힙니다.

들어가는 글 04

이 책을 읽는 방법 08

PART 1 바이오, 미래 사회의 바탕이 되다

Chapter 1. 산업의 중심이 된 바이오

그들만의 1000일 기념일(2035년) DNA기록기술 17

그녀의 첫 출근(2040년) 유전자가위와 프라임 에디팅 26

미래 생명과학자에게 필요한 것(2040년) 바이오파운드리 37

Chapter 2. 바이오 산업의 기초는 세포다

그들이 불안한 이유(2035년) 자기조직화 다세포 구조 51

나형욱 단장님의 첫사랑(2035년) 미토콘드리아 유전체 편집을 통한 대사조절기술 60

그와 그녀의 거리(2040년) Cryo-EM 생체분자 구조분석기술 71

PART 2　바이오, 우리의 건강을 책임지다

Chapter 3. 바이오가 만드는 건강한 삶

중동전쟁(2035년)　식물공장형 그린 백신　85

갑갑한 마음(2040년)　공간 오믹스 기반 단일세포 분석기술　96

혼자 할 수 있는 일(2040년)　조직 내 노화세포 제거기술　108

Chapter 4. 암? 이제는 무섭지 않다

암보다 독감이 더 무서운 사람(2035년)　조직별 면역세포 세포체 지도　121

험난한 여름휴가 일정(2035년)　암 오가노이드 연계 면역세포 치료기술　130

두 남자의 신경전(2035년)　광의학 치료기술　140

Chapter 5. 의료, 더 건강하고 더 간편하게

홈오토메이션이 가져온 굶주림(2035년) 역노화성 운동모방 약물 ⠀⠀⠀⠀⠀151

생명의 은인(2040년) 디지털 치료제 ⠀⠀⠀⠀⠀162

무거운 어깨(2040년) 실시간 액체 생검 ⠀⠀⠀⠀⠀173

PART 3 바이오, 지속가능한 세상을 만들다

Chapter 6. 지구를 지키는 바이오

그녀가 지구를 지키는 방법(2035년) 플라스틱 분해 인공미생물 ⠀⠀⠀⠀⠀187

그들이 만들어 온 미래(2040년) 무세포 합성생물학 ⠀⠀⠀⠀⠀198

Chapter 7. 먹거리 걱정 없는 세상

신뢰와 편애(2040년)   엽록체 바이오 공장   209

그가 천재로 불렸던 이유(2035년)   유전자회로 공정예측기술   219

그의 뒤를 쫓는 길(2040년)   식물 종간 장벽제거기술   231

PART 4   바이오, 더 이상의 '팬데믹'은 없다

Chapter 8. 세이프 콘택트 세상이 온다

과학이 결국 승리한다(2041년)   감염병 대응 미래 5대 기술   243

부록   253

PART 1

바이오,
미래 사회의 바탕이 되다

Chapter 1

산업의
중심이 된 바이오

생명과학의 응용 분야를 생각해 보라면 의학과 농업, 축산업 정도를 떠올리는 경우가 많습니다. 병원에 가거나 식생활을 풍족하게 해 주는 정도의 변화를 생각하는 것이지요. 하지만 시대가 변화하고 있습니다. 다른 여러 과학기술과 융합하면서 우리가 살아가는 사회의 모습을 빠르게 바꿔 줄 핵심 기술 중 하나로 자리매김하고 있습니다. 생명과학은 미래 우리 사회를 어떻게 바꾸게 될까요?

그들만의 1000일 기념일(2035년)

4월 22일은 강현과 권하선의 '1000일 기념일'이었다. 사귄 지 벌써 3년이 지났다니. 서로를 아끼는 마음이 커지는 것과 비례해서 둘의 태도는 시간이 지날수록 시큰둥했다. 어떤 이야기를 해도 상대의 대답을 미리 알고 있었고, 어떤 행동을 해도 상대의 반응을 예측할 수 있었다. 오래된 연인이란 게 보통 그런 식이다.

하선은 뭔가 숫자를 세는 것을 좋아했다. 기념일도 제법 충실하게 챙겼다. 몇 달 전부터 1000일 기념일은 챙겨야 한다고 말했던 것도 그녀다. 현은 하선이 특별한 행사를 바란 건 아니라고 생각했다. 서로 바빴으니까. 같은 직장에 다니고 있으니 나란히 퇴근해 저녁 식사라도 함께하면 될 거라고 생각했다.

그런데 하선이 바쁘다며 약속을 취소했다.

"미안해요. 오늘은 도저히 움직일 수가 없어. 어제까진 끝내 보려고 했는데."

"오늘은 식사라도 함께하고 싶었는데."

"나한텐 인생이 걸려 있을 정도로 중요한 일이라서. 자기가 보기엔 별 의미 없어 보일 수 있지만 난 이걸 오늘 안에 꼭 끝내고 싶어요."

"굳이 오늘 꼭? 제출 마감이 있는 서류도 아니고, 발표가 있는 것도 아니잖아."

"미안해요. 응?"

알았다며 혼자 사무실을 나서면서도 현은 기분이 조금 불편했다. 연구실 문을 빠져나오며 현은 하선이 들으라는 듯 안경 옆에 붙은 작은 터치센서를 만지며 조금 큰 소리로 말했다.

"집으로 간다. 차를 준비해 줘."

3분 정도를 걸어 연구소 정문 앞으로 천천히 걸어 나서자 인공지능Artificial Intelligence, AI이 호출한 자율주행차 한 대가 유리창 위로 '103683'이라는 숫자를 켜고 현을 기다리고 있었다. 현의 주민등록 식별 번호의 일부다. 차 문을 열고 탑승하자 차는 스르르 움직이기 시작했다. 퇴근 시간이지만 조금도 길이 막히지 않았다. 도로에 신호등이 없기 때문이다. 대신 차량마다 신호등이 따로 설치되어 있다. 모든 차량마다 원격으로 데이터를 주고받으며 교차로를 통과할 순서를 자동으로 결정한다. 거리에서 사거리를 보고 있으면 모든 차량이 무질서하게 교차로를 통과하고 있는 것 같다.

하지만 교통사고는 옛말이다. 차량 내 신호등에 빨간불이 켜져 다른 차량이 지나가기를 기다려야 하는 날은 한 달에 많아도 서너 번에 불과

했다. 경찰차나 앰뷸런스 등 사람이 직접 운전해야만 하는 특수 임무 차량이 지나가는 경우다. 약 1년 전부터 전국 서비스를 시작한 이 시스템 덕분에 스포츠 목적이 아닌 한 차량을 직접 구매하는 사람은 없어졌다. 대부분은 자율주행차를 공유 서비스로 이용한다. 한국의 성공 사례를 보며 미국, 일본, 유럽 등 각국에서도 이 시스템을 도입하려고 준비 중이다.

한국에 이런 교통 체증 없는 세상을 만든 건 현이었다. 그는 창밖을 보면서 문득 3~4년 전, 이 교통시스템의 실용화 작업에 자신과 하선이 나란히 참가했었던 사실을 떠올렸다. 사람이 운전하지 않아도 되는 자율주행차는 10년 전부터 이미 완전히 실용화됐지만 걸림돌은 교통신호시스템이었다. 자동차에 통신 기능을 넣는 건 그리 어렵지 않은 일이었지만 0.1초의 오차도 없이 각각의 자동차에 정확하게 교통신호를 제어하려면 도시 중앙에 설치한 교통통제용 컴퓨터에 상상을 초월하는 부하가 걸렸다. 고성능 슈퍼컴퓨터를 동원하더라도 모든 교통 상황을 예측하고 완전히 통제하기는 불가능해 보였다.

시스템 기획 과정에서 현과 하선이 머리를 맞대 새롭게 들고 들어간 아이디어는 'DNA기록기술'을 도입하자는 거였다. DNA기록기술은 생명체의 유전자기록 코드인 DNA에 인공적인 정보를 저장하는 기술이다. 처음 이 기술을 실험실에서 구현해 낸 건 2000년 대 초반, 자동화 기술이 처음 개발된 것은 2019년이다. 이 기술은 계속 발전해 지금은 여러 분야에서 대용량 컴퓨터 저장장치를 제작할 때 쓰이고 있다. 1g의 유전물질에 10억기가바이트gigabyte. GB의 데이터를 저장할 수 있어 최근 수년 사이에 급격히 각광받고 있었다.

현과 하선은 이 기술을 교통통제시스템 속 데이터 저장시스템에 적용한 일등 공신이었다. 현은 도로교통시스템에 꼭 맞는 대용량 데이터를 저장할 수 있는 전용 DNA 구조를 고안해 냈고, 하선은 이 DNA기록시스템을 컴퓨터시스템에 연결해 주는 인터페이스를 개발했다. 둘이 없었다면 세상은 아직도 교통체증에 시달리고 있었을지도 모른다.

두 사람의 감정이 직장 동료 이상으로 발전한 것도 그 무렵이었다. 둘은 같은 실험실에서 밤을 새고 함께 같은 소파에 쓰러져 쪽잠을 잤다. 시간 안에 프로젝트를 마치려다 보니, 그리고 지금까지 누구도 해 본 적이 없는 시스템을 개발하는 일이다 보니 하루가 48시간이라도 모자랄 지경이었다. 힘겹게 지내던 시절, 서로에게 누구보다도 위안이 됐던 두 사람 사이에 특별한 감정이 싹트는 것도 그리 이상한 일은 아니었다.

"그러고 보니 하선이도 그때 이 연구하면서 정말 고생 많았었는데."

현은 하선이 생각나자 조금 전 내심 섭섭했던 감정을 다시 떠올리며 투덜거렸다.

"도대체 오늘 같은 날 뭐가 바쁘다는 거야."

집에 들어온 현은 식사를 하고 싶은 마음이 없었다. 억지로 간단한 음식을 챙겨 먹고 잠시 TV를 보다가 결국 다시 일거리를 찾았다. 노트북엔 그가 과거에 설계했던 기록저장용 DNA 구조의 설계도가 들어 있었다. 최근 현은 짬이 나는 대로 이 DNA 구조를 다시 새롭게 다듬을 수 있을지 고민해 왔다. 예상대로만 완성된다면 지금 실용화된 DNA기록시스템의 효율을 한층 더 끌어올릴 수 있을지 몰랐다.

"아무래도 정보를 어떻게 넣고 꺼내야 하는지, 이 부분은 내 머리로 한 계가 있단 말이야. 정보통신기술Information and Communication Technologies. ICT 분야 는 영……."

현은 모니터를 바라보며 중얼거렸다.

두 서너 시간이 훌쩍 지났을까. 시계가 밤 11시를 가리키자 슬슬 잠이 쏟아지기 시작했다. 지금부터 해야 할 지각 있는 행동은 잠을 잘 준비를 하는 것뿐이라는 사실을 현도 잘 알고 있었다. 하지만 화를 풀 곳을 찾고 있는 듯 계속 설계도를 노려보고 또 노려보고 있었다.

11시 30분이 넘어갈 무렵, 현의 휴대 단말기로 영상 통화 요청이 들어

왔다.

'와우! 다 했어요. 퇴근합니다~'라는 제목을 달고 있었다. 하선이었다. 현은 영상 통화를 켜고 하선의 얼굴을 보며 말을 걸었다.

"아니. 지금 퇴근하는 거야?"

"막상 그러는 자기도 지금 일하는 것처럼 보이는데요?"

하선은 낭랑하게 말했다.

"으……. 응. 그러네."

"이메일 하나 보냈는데, 혹시 지금 볼 수 있어요?"

현은 대답 없이 노트북 메일함을 뒤졌다. 제목란에 '경축. 1000일 기념.'이라고 적혀 있었다.

"이게 뭔데 그래?"

"오늘 안에 꼭 끝내서 자기한테 선물로 주고 싶었어요. 이 일 때문에 우리가 지금까지 같이 있을 수 있었던 건데. DNA기록시스템을 이용해서 새롭게 만든 신형 정보 인터페이스예요. 나 같은 ICT 전문가가 옆에 없어도 편하게 일할 수 있어요. 원래는 오늘 저녁 식사 자리에서 주려고 했는데 예상치 못한 버그가 보여서 고치느라고."

"……."

"왜 아무 말이 없어요. 고맙다 정도는 해야지. 여기 맞추면 각종 연구하기가 100배는 더 쉬워질 것 같지 않아요? 내가 생각해도 잘 만들었다고요. 뇌세포 전체 시뮬레이션 보조 기능도 가능할지 몰라요. 어쩌면 생명과학 분야에도 혁명이……."

하선은 자랑하듯 속사포처럼 말했다.

"하선아. 지금 어디야?"

현은 그녀의 말을 자르며 급하게 물었다.

"집에 가는 중. 왜요?"

"지금 갈게. 집 앞에서 보자."

"응? 조금 있으면 출근인데, 뭐 하러?"

"좀 안아 주고 싶어서. 도착하면 잠시만 기다려."

현은 자율주행차를 부를 수 있는 스마트 안경을 찾아 쓰고 현관문을 급하게 열고 뛰어나갔다.

유전자에 정보를 저장할 수 있을까?

사람의 세포는 참 신기하죠. 눈에 잘 보이지도 않는 작은 크기지만 몸속 전체 설계도가 모두 들어 있습니다. 'DNA'라는 형태로 말입니다. 정자와 난자가 만나 생긴 수정란 하나에서 사람의 몸이 만들어진다는 걸 생각하면 DNA가 가진 정보 기록량은 실로 어마어마합니다. 우리가 흔히 보는 컴퓨터도 요즘 저장 용량이 부쩍 늘어나고 있습니다만, DNA에 비할 정도가 아니겠지요. 아직 기술이 완성 단계는 아니지만 제대로 만들면 수십 엑사바이트exabyte. EB(1엑사바이트=10억기가바이트)의 정보를 작은 디스크 하나에 넣을 수 있다고 합니다. 좀 더 쉽게 말씀드리면, 영화 10억 편을 1g의 DNA 물질에 담을 수 있는 정도입니다. 1kg 정도가 있으면 아마 전 세계 데이터를 다 담고도 남을 것입니다.

이건 도대체 무슨 원리일까요. 컴퓨터는 1과 0의 2진수로 데이터를 저장합니다. 그런데 DNA가 연결돼 있는 모습을 보면 ATGC(아데닌adenine, 티민thymine, 구아닌Guanine, 사이토신cytosine)이라는 이름의 4개의 고리가 서로 짝을 이뤄 얽혀 있는 것을 알 수 있습니다. 이 연결된 형태로 정보를 저장해 복잡한 사람의 형태와 기능을 모두 담고 있습니다. 그리고 가지고 있는 정보를 꺼낼 때는 이 연결고리를 복사해 찍어낸 RNA라는 편지를 내보냅니다.

과학자들은 최근 이 방법을 이용해 컴퓨터의 데이터를 저장하는 방법을 연구하기 시작했는데, 이론적으로 가능하다는 사실을 알아냈습니다. ATGC, 즉 4개 고리의 연결이니 4진법을 만들 수 있는데 컴퓨터의 2진법으로 바꾸기도 매우 유리했습니다.

DNA기록시스템이 이론적으로 연구되기 시작한 건 몇 년 정도 지났지만, 처음으로 만드는 데 성공한 건 2019년 미국 기업 '마이크로소프트Microsoft'입니다. 이때는 매우 조그마한 장치를 실험적으로 만든 것이었습니다. 그런데 2020년 이후 이 분야에서 가장 두각을 드러내고 있는 건 오히려 한국 연구팀이라 기대가 큽니다. 서울대-경희대 공동연구진이 최초의 'DNA 디스크'를 만드는 등 긍정적인 연구를 자주 내놓고 있습니다.

소설의 주인공인 '현'은 여자친구인 '하선'과 이미 세상에 나와 있는 DNA기록시스템을 이용해 교통통제시스템을 만드는 데 일조했다는 내용이 나옵니다. 미래가 정말 이렇게 될지는 두고 봐야 알 수 있겠습니다만, 그처럼 대량의 데이터 저장이 요구되는 곳에는 앞으로 꼭 필요한 기술이 되지 않을까 생각해 봅니다.

알아 두면 좋은 핵심 요약

+ 유전자는 사람의 모습, 성격, 선천적 건강 상태 등 모든 것을 기억하고 있습니다.
+ 유전자의 기능을 이용해 다양한 정보를 저장하려는 연구가 속속 진행 중입니다.
+ 미래가 된다면 이런 시스템을 활용한 거대 단위 차세대 저장장치가 등장할 것으로 보입니다.

그녀의 첫 출근(2040년)

"저……. 안녕하세요. 오늘부터 새로 근무하게 된……."

첫 직장 첫 출근 날 긴장하지 않는 사람은 보기 어렵다.

하지만 '김수민'은 그 긴장을 남들보다 적어도 몇십 배는 더 크게 느끼고 있었다. 시간은 이미 9시 20분. 출근 시간은 8시 30분. 그녀가 직장 문에 들어선 시간은 정해진 출근 시간보다 50분이나 늦은 뒤였다.

사실 그녀가 잠에서 깬 건 새벽 3시였다. 혹시라도 지각할까 싶어 뜬눈으로 아침까지 기다린 것이 실수였다. 거실 안락 의자에 앉아 깜빡 졸았다 깼을 때는 이미 시계 바늘은 8시 50분을 가리키고 있었다.

국내 정상급 생명과학연구 기관으로 꼽히는 '국가생명정보기술원' 최종 합격 소식을 듣고 수민은 기쁨에 겨워 며칠을 생글거리며 다녔다. 입사 일주일 전부터는 온라인으로 신입직원 교육을 받고, 출근 전날엔 인사과에 들러 출입증을 대신할 초미세 전자회로를 담은 작은 문신도 손목

안쪽에 새겼다. 퇴사를 원하면 그날로 흔적도 없이 지울 수 있는 표식이지만 '이제부터 우리 연구소 사람'이라고 인정해 주는 듯해 가슴이 벅차기도 했다.

'연구실에 처음 나간 날은 모두 반겨 주겠지. 유전자 교정 분야는 나도 공부를 많이 했는데, 뭔가 획기적인 연구를 할 수 있지는 않을까.'

수민은 첫 출근을 앞두고 잠자리에 누워 몇 번이나 중얼거렸었다. 그렇게 기대에 부풀었던 첫 출근 아침에, 그녀는 회사까지 전력으로 달려가야 했다.

'하. 첫날부터 지각이라니. 설마 잘리는 거 아냐?'

수민은 새로 얻은 집에서 연구실까지 불과 도보로 15분 남짓한 거리를 뛰어가면서 몇 번이고 중얼거렸다.

하지만 막상 연구실 내에 들어서자 수민의 자괴감은 순식간에 흩어져 당혹감으로 바뀌었다. 사람들은 전자서류를 미친 듯이 넘기거나, 스마트 안경을 쓰고 어딘가 전화를 걸어 고래고래 소리를 지르거나, 홀로그램 디스플레이로 세포나 DNA 구조를 죽일 듯이 째려보는 데 여념이 없었다. 누구도 수민이 연구실에 들어선 사실, 그리고 지각했다는 사실에 신경을 쓰지 않았다.

수민은 연구실 내부를 혼자서 두 번이나 빙빙 돌아 간신히 자기 자리를 찾았다. 책상에 조용히 핸드백을 두고 자기 혼자 연구단 단장실을 찾아 문을 두드렸다. 강현 단장은 갑자기 누군가 들어와 인사를 하는 소리에 고개를 들고선 귀찮다는 듯이 말을 자르며 대답했다.

"아. 자네가 오늘 온다던 친구인가. 어이. 최영일 박사. 이 친구 좀 챙겨 줘요."

강 단장은 밖을 향해 소리를 지르고는 수민은 안중에도 없다는 듯 다시 홀로그램 화면을 보기 시작했다.

어쩔 수 없이 수민은 그냥 그대로 서 있는 수밖에 없었다. 5분 정도가 지났지만, 최 박사라는 사람이 이곳까지 올 낌새는 보이지 않았다.

"저……. 단장님. 저는 뭘 해야 할까요."

수민은 다시 단장에게 다가가 물었다.

"응. 자네 아직도 있었나? 아니 최 박사는 어딜 간 거야? 본인 자리 알죠? 우선 거기 가서 앉아 있어요. 조금 기다리면 사람이 갈 거예요."

수민은 슬슬 기분이 불편해지기 시작했다. 하지만 지금 할 수 있는 일은 자기 자리로 우물쭈물 걸어가 앉는 것뿐이었다.

얼마간 시간이 지났을까. 구석에 새로 만든 그녀의 책상에 눈길을 주는 사람은 아무도 없었다. 누구라도 붙들고 말을 걸고 싶었지만 기회를 잡기도 쉽지 않았다. 그렇게 두 시간이 넘어가고 점심시간이 가까워져 오자 주위를 부산하게 오가던 사람들은 삼삼오오 자리를 비우기 시작했다.

"뭐야 여기 뭐 이런 데가 다 있어?"

수민은 낮은 목소리로 혼자 중얼거렸다.

자신이 여기 왜 와 있는 건지, 혹시 집으로 가야 하는 건 아닌지 도저히 알 수가 없었다. 텅 빈 연구실에 홀로 앉아 여기까지 생각이 미친 그녀는 결국 아침부터 쌓였던 감정이 한꺼번에 북받쳐 결국 눈시울이 시큰해지기 시작했다.

"누구예요? 처음 보는 얼굴인데, 왜 여기서 울고 있어요. 무슨 일 있나요?"

훌쩍이며 손수건으로 눈가를 훔치고 있던 수민은 누군가 자신에게 말을 거는 목소리를 듣고 책상 칸막이 너머를 물끄러미 바라봤다. 체구는 작지만 씩씩한 인상의 여성 연구원 한 명이 한 손에는 큰 봉투와 커피잔을,

다른 한 손으로는 먹다 만 빵을 들고 우물거리며 서 있었다.

"아…… 아닙니다. 제가 오늘 새로 출근을 했는데요. 다른 분들이 다 바쁘신지 아무 말도 없어서……."

수민은 더 말을 잇지 못했다.

서 있던 사람은 무슨 일인지 알았다는 듯이 하선에게 손을 내밀었다. 악수를 하자는 의미였다. 수민이 손을 내밀자 그 손을 세게 움켜잡으며 말했다.

"이름이 뭐예요? 난 데이터팀장 권하선이에요."

하선은 그 자리에서 악수를 했던 손을 놓지도 않고 수민을 잡아당겨 일으켰다. 그리고 단장실로 향했다. 현은 홀로그램 영상을 보며 마치 복싱이라도 하듯 두 팔을 휘젓고 있었다. 해야 할 일과 일정을 홀로그램 영상을 보며 손으로 집어 원하는 곳에 끼워 넣는, 2040년엔 흔한 컴퓨터 사용 방법이지만 현은 유독 팔을 요란하게 움직였다.

"이거 봐요. 단장님."

하선이 소리치듯 말했다.

"왔어? 뭐 가져왔는데?"

현은 하선과 함께 점심을 먹기로 한 것이 생각나 손을 멈추면서 말했다. 그러다 수민이 하선의 옆에 서 있는 것을 보고는 잠시 의아해하다 이내 손을 뻗어 의자를 가르켰다.

"앉아요. 점심 같이 먹읍시다 그럼."

현이 말하자 하선은 가지고 온 봉투를 단장실 테이블 위로 풀기 시작했다. 익숙한 손놀림이었다. 지하에 가면 직원 식당과 카페테리아가 있다는 것도, 손목의 칩만 태그하면 몇 번이고 원하는 것을 가져다 먹을 수 있다는 것도, 두 사람이 부부 사이라는 것도 알지 못하는 수민은 둘이 왜 단장실에서 점심을 먹는 건지, 저 사람은 어디서 음식을 들고 와 상을 차리고 있는 건지 이해가 가지 않아 계속 어리둥절한 표정을 짓고 있었다.

＊＊＊＊＊＊

식사 도중 하선에게 자초지종을 듣고, 거기다 핀잔까지 잔뜩 들은 현은 조금 억울하다는 듯한 표정으로 수민을 보며 말했다.

"미안하게 됐어요. 내가 사과할 테니 기분 풀어요. 하지만 본인 탓도 있어요. 우리 부서는 아침에 8시 30분이면 모두 모여서 회의하고 일정도 공유해요. 이후는 다들 맡은 일이 바빠서 주위에 신경을 못 쓰는 일이 많아요. 수민 씨가 늦는 것 같아서 선임인 최 박사에게 부탁해 놓은 건데, 아까 방사광가속기 라인에 들어갔다는데, 전화가 안 되는군요."

"네……. 늦어서 죄송합니다."

수민은 기어들어가는 목소리로 말했다.

"수민 씨는 특기 분야 연구가 뭐라고 했죠."

하선은 빵 하나를 집어 들면서 물었다.

"프라임 에디팅Prime Editing 응용 연구로 천재대학교에서 박사학위를 받았습니다. 그 밖에 유전자 교정이나 편집, 설계 등에 대해 전반적으로 공부하고 있습니다. 단장님 명성은 학생 때부터 여러 번 들어서 알고 있습니다."

"잘됐네요. 제자가 생겨서 좋겠어요."

하선이 웃으며 말하자 현은 그만하라는 듯 얼른 무릎을 두드렸다.

2000년대에 처음 등장한 유전자가위기술은 의학기술 분야 혁명이었다. 이 기술 중 효율이 아주 뛰어난 '크리스퍼CRISPR'가 등장하자 사람들은 '미래엔 대부분의 유전병이 치료될 것'이라고 기대했다.

하지만 실제로 사람의 몸에 적용하긴 쉽지 않았다. 실제로 현실에 적용하기에 여러 무리가 있다는 사실이 드러난 것이다. 여기에 문제 해결의 단초를 해결한 기술이 프라임 에디팅이었다.

2030년대를 거치며 프라임 에디팅은 의학계에서 완전히 실용화됐다. 적잖은 질병의 치료법을 찾아내는 데 쓰이고 있었다. 물론 여전히 정복해야 할 질병은 적지 않았지만, 그런 것들을 하나하나 해결하는 과정에도 프라임 에디팅은 꼭 필요한 기술이었다.

기술지원단장인 현도 생명체에 필요한 기능을 구현하기 위해 연구 도중 자주 사용하는 특기 분야 중 하나였다. 하지만 이 분야를 연구하려는 사람은 점점 줄어들기 시작했다.

이유는 돈이 안 되기 때문이었다. 바이오기술이 발전하며 이미 굵직한 질환은 거의 대부분 정복되거나, 정복되기 직전에 있었다. 환자 수가 극도로 적은 희귀병 정복에는 더 없이 유용했지만 그런 '소득 없는 일'을 하려는 제약 회사나 연구자는 많지 않았다. 사명감 없이는 도전하기 어려운 분야이다 보니 관련 기술을 공부한 신입 연구원을 찾는 것은 결코 쉬운 일이 아니었다. 이런 시기에 수민이 합류한 것은 연구단 내에서 적잖은 희소식이었다.

현은 식사를 마치고 여전히 우물쭈물하고 있는 수민을 보고 말했다.

"어이쿠. 점심시간이 다 끝나가는군. 조금 전에 확인해 보니 최 박사는 퇴근 시간쯤에나 돌아올 것 같아요. 오늘은 인사과에 가서 더 처리할 행정 업무는 없는지 확인하시고, 개인용 단말기 지급받아서 세팅하면 돼요. 가서 업무 보도록 하세요."

"알겠습니다."

수민은 쭈뼛거리며 자리에서 일어났다.

수민이 돌아간 후, 현과 하선은 탁자 위에 있는 남은 음식과 포장지를 치우기 시작했다. 하선은 손을 움직이며 핀잔하듯 말했다.

"첫 출근 날인데 너무한 것 아니에요. 아침에 늦으면 전화해 줄 수도 있었잖아요."

"다들 맡은 일 바쁜 것 알잖아. 일일이 챙겨줄 사람 없다고. 미팅 시간에 못 온 사람이 잘못이지. 세상에 첫 출근에 지각하는 친구는 나도 오늘 처음 봤어."

"……."

"뭐, 동료 간에 신뢰라는 건 친목에서 생기지 않거든. 맡은 일을 책임 있게 하면서 생기는 거지. 알다시피 저 친구 뽑자고 이야기했던 게 나잖아. 생각보다 훨씬 여린 것 같아 걱정인데 뭐, 어쩌겠어. 기대해 봐야지."

현은 탁자 위를 닦으면서 작게 한숨을 쉬며 말했다.

유전자가위, 혹시 들어보셨나요. 유전자가위는 생명체의 기본 설계도인 'DNA'를 자르고 이어 붙이는 기술을 말합니다. 잘못된 부분을 빼 버리거나, 다른 것으로 갈아 넣을 수도 있습니다.

　이 기술이 등장하고 많은 사람이 큰 기대를 했었습니다. 동식물의 유전자를 마음대로 편집할 수 있다는 건 대단한 장점이니까요. 동물의 형질을 변환하면 고기나 우유 등의 생산량을 늘릴 수도 있고, 질병에 강해지도록 만들 수 있고, 식물의 형질을 바꿔 수확량을 늘릴 수도 있습니다. 유전자가위기술을 두고 '산업혁명에 필적하는 기술'이라는 이야기가 나오는 것은 그 때문입니다.

　잔인하다, 비윤리적이라는 이야기도 나오고 있지만 모든 기술은 사용하기 나름입니다. 우리는 이미 축사에 가둬 기른 소의 고기를 먹고 살고 있습니다. 만약 유전자가위로 형질을 전환해 더 많은 고기를 얻을 수 있다면 죽여야 하는 소의 숫자는 줄어들겠지요.

　그리고 이 기술은 의학적으로도 굉장히 도움이 됩니다. 유전자가 잘못되어 태어날 때부터 병을 앓고 있는 사람, 즉 '유전병' 환자들은 지금까지 병을 치료할 방법이 없었습니다. 그러나 유전자가위기술은 그들에게 희망을 줄 수 있습니다. 이 기술로 잘못된 부분을 교정한 세포를 주사를 통해 몸속에 넣는 치료를 계속하면 나쁜 유전자를 가진 세포 숫자는 점점 줄어들 테고, 증상은 점점 더 좋아질 것입니다. 꼭 몸 전체를 그렇게 할 필요는 없습니다. 목이 아프다면 목에 있는 세포, 팔이 아프다면 팔에 있는 세포를 집중적으로 치료하면 됩니다.

유전자가위도 계속 발전하고 있는데, 1세대를 징크핑거뉴클라아제Zinc Finger Nuclease. ZFN, 2세대를 탈렌TALEN이라고 불렀습니다. 유명해진 것은 3세대부터입니다. 크리스퍼로 불렸는데, 이때부터 아주 정밀한 유전자 교정이 가능해져 '이제 정말로 산업이나 의학에 적용할 수 있는 것 아니냐'는 이야기가 많았습니다. 유전자가위, 특히 3세대 크리스퍼 연구자들은 2020년 노벨화학상을 수상하기도 했습니다.

하지만 크리스퍼도 완전하지는 않습니다. 크리스퍼는 약 20여개의 DNA를 인식하여 잘라내는 기능은 잘 수행하지만 특정한 부분을 콕 집어 수정하는 능력은 떨어진다는 약점이 있었습니다. 물론 그 20개를 모두 바꿔 넣는 식으로 사용할 수 있습니다만, 그렇게 하면 아무래도 효율이 크게 떨어지게 됩니다.

유전자 전체에서 꼭 한 두 곳만 교정해 치료를 하는 것이 유전질환 치료의 최선의 방법이라고 본다면, 기존 크리스퍼 기술을 유전자치료제로 사용하기에는 다소 힘든 점이 있었습니다.

그러나 최근 4세대 '프라임 에디팅'기술이 보편화되면서 이런 우려는 사라졌습니다. DNA는 두 가닥이 꼬여 있는 모습을 하고 있는데, 그중에 한 가닥만 선택해서 교정할 수 있어 훨씬 정확하고 안전하다는 것이 밝혀지고 있기 때문입니다.

소설에서 '강현' 박사는 유전자의 기능을 파악하고, 생명체의 유전자를 처음부터 설계하고 교정하는 일을 하는 전문가로 묘사했습니다. 이번 편을 보면 신입사원인 '김수민' 박사도 프라임 에디팅을 연구해 박사학위를 받은 인재로 나옵니다. 유전자가위, 특히 프라임 에디팅은 미래 우리 산업과 의학을 큰 폭으로 바꿔 줄 중요한 기술이기에 '만능 연구자'로 활약했으면 하는 주인공들에겐 꼭 필요한 능력이었답니다.

알아 두면 좋은 핵심 요약

+ 모든 생명체는 유전자 정보를 통해 성장하고 생체기능을 유지합니다.
+ 이런 유전자가 잘못된다면 치료하기 어려운 난치병을 겪게 됩니다.
+ 잘못된 유전자를 교정해 이런 난치병을 치료할 수 있는 기술을 '유전자 가위'라고 합니다.

미래 생명과학자에게 필요한 것(2040년)

"단장님. 이거 저 혼자 해야 해요? 정말 다 못하겠어요."

국가생명정보기술원 기술지원단의 김수민 박사가 단장실로 뛰어 들어와 항의하기 시작했다. 얼마 전 입사했지만 기업지원 기술개발 분야 연구자로서 일을 시작한 그녀는 어느덧 여러 프로젝트에 참여하기 시작했다. 여리고 덤벙대지만 천재성만큼은 인정할 만하다 생각했던 강현 단장은 그녀가 연구자로서 급성장한 모습을 보며 흐뭇한 마음을 감추기 힘들었다. 그저 꼭 한 가지, 일 처리가 죽도록 느린 것만 빼면 말이다.

이번에도 프로젝트 하나를 혼자 맡게 되자 그녀는 입이 튀어나와 있었다. 매일 같이 야근을 해도 맡은 일을 다 하기 어려웠고, 밀려드는 일정에 눈이 노랗게 될 지경이었다. 연구 역량 자체는 크게 성장했지만, 그런 역량을 현실적으로 구현하고 결과물을 낼 경험 자체가 부족했기 때문이었다. 더구나 특유의 덜렁거리는 성격 때문에 일을 할 때 실수가 잦았다. 정확하고 빠르게 전체적인 그림을 그리며 모든 일을 처리해야 하는 시대의 흐름에 부응하기 위해 새롭게 배워야 할 일이 많다는 점을 그녀는 애써 인정하지 않으려 했다.

"선배들은 다들 그 이상의 일을 하고 있네. 자네도 이젠 몫을 해 나갈 생각을 해야지. 힘겨워도 공부를 해 가며 성과를 낼 생각을 해 보는 게……."

"당장 일이 쌓여 가는데 공부만 하고 있을 수는 없어요. 그리고 더 이상 뭘 공부해야 할지도 모르겠어요."

"그렇다면 지금 하는 일은 조금 미뤄 줄 테니까, 새로 일을 하나 더 해 보겠나?"

"예? 지금도 많은데 하나를 더 하라고요? 단장님 저한테 왜 그러세요." 수민은 표정이 일그러졌다.

"날 믿고 한번 해 보게. 몇 개월 전 중국에 보냈을 때와는 달라[96쪽 '갑 갑한 마음(2040년)' 참조]. 그땐 정말로 경험 삼아 공부하라고 보낸 거고, 일이 틀어지면서 내부에서 도와주기도 했었지. 하지만 이번은 정말 믿고 보내는 거야."

현은 담담하게 말했다.

"알겠습니다."

수민은 어쩔 수 없이 기어들어 가는 목소리로 수긍하고 말았다.

＊＊＊＊＊＊

다음 주가 되자, 수민은 연구소가 아닌 국내 로봇 전문기업 '레인브릿지'로 출근했다. 한국 최고의 로봇 전문가인 오정규 교수가 은퇴 후 세운 기업이었다. 오 대표는 초미세기계Micro-Electro Mechanical Systems. MEMS 분야의 세계적 권위자로 꼽히는 인물이라 수민도 그에 대해 알고 있었다. 유명 과학자를 눈앞에서 볼 수 있다는 사실에 수민은 자기도 모르게 조금 흥분해 있었다.

　　하지만 예상은 수민의 생각과 전혀 다르게 흘러갔다. 그날 아침, 수민을 만나자 오 대표는 인사도 제대로 받지 않고 혀부터 끌끌 찼다. 그리고 수민을 세워 둔 채 그 자리에서 현에게 업무용 영상 전화를 걸고는 화가 난 목소리로 고함을 치기 시작했다.

　　"강 단장. 정말 이럴 거야? 이번 일이 얼마나 중요한지 몰라서 이래? 이런 어린 친구를 보내면 어쩌라는 거야? 어?"

　　"어유. 교수님. 고정하십시오. 나이가 어려서 그렇지 사고가 유연하고 똑똑한 친구입니다. 한번 맡겨 보시지요."

　　현이 너스레를 떨면서 말했다.

　　"이러다가 일이 틀어지면 어쩔 건가?"

　　"그땐 제가 가겠습니다. 하지만 그럴 일은 없을 거라고 믿습니다."

　　현이 단호하게 말하자 오 대표는 마음이 누그러졌다. 전화를 끊고 수민을 향해 입을 뗐다.

　　"김 박사라고 했나. 기분이 상했겠네. 내 미안해요. 댁이 못 미더워서가 아니라, 가급적 강 단장이 직접 와 줬으면 했고, 그게 안 된다면 최소

한 경험 많은 친구라도 보내 줄 줄 알았는데, 너무 젊은 친구가 와서 내가 당황해서 그랬어요."

오 대표가 이렇게까지 이야기한 건 나름의 이유가 있었다. 생명과학 연구의 최대 단점은 연구 성과를 볼 때까지 시간이 오래 걸린다는 점이 었다. 생명현상을 확인하려면 세대를 건너뛴 연구가 필요다. 그러니 지루 하고 시간이 걸리는 실험을 긴 시간 동안 반복해야 했다. 그러나 2040년 이 되자 그런 문제는 크게 줄어들었다. 전통적인 방법으로 연구해야 할 필요는 당연히 있었지만, 많은 경우 생명과학 연구도 ICT 분야처럼 속도 감 있게 진행되는 것이 당연하게 여겨지기 시작했다. 특히 빠른 속도로 아이디어를 제품으로 바꿔 내야 하는 기업체, 그리고 기업체의 기술지원 을 주 업무로 하는 기술지원단에게는 이런 '초고속 연구'기술은 반드시

익혀야 하는 중요 역량 중 하나였다. 수민의 단점은 생명과학에만 몰입하다 보니 이런 기술에 대한 이해가 크게 떨어진다는 데 있었다.

2020년 이후 크게 주목받기 시작한 '바이오파운드리Biofoundry'기술, 즉 합성생물학Synthetic Biology의 표준화기술, 인공지능, 로봇기술을 이용해 빠르게 생명과학 연구를 진행하는 이 기술을 통해 인류가 얻은 성과는 적지 않았다. 합성 미생물을 자유롭게 만들 수 있게 되면서 적은 에너지로 대량의 수소를 생산하는 기술, 고효율 바이오연료전지 등이 이미 실용화되어 있었다. 자율주행차가 도로를 누비게 되었고, 수소를 연료로 쓰는 대용량 무공해 운송트럭, 초대형 무공해 화물선박 등이 실용화된 이면엔 이 '바이오파운드리'기술이 있었다.

하지만 몇 가지 성공 사례를 넘어 지금은 윤리적 문제를 넘지 않는 선에서 이 기술을 어느 기업이나 능수능란하게 사용할 수 있도록 만들 필요가 있었다. 기업은 아이디어를 최대한 빨리 제품으로 만들기를 원하기 때문에 DNA 설계나 유전자 편집 등으로 얻어낸 성과를 즉시 생산에 접목할 '바이오 산업용 로봇' 개발이 절실했다.

오 대표의 목표는 그런 기업들을 위해 은퇴 전 마지막으로 로봇 한 대를 개발해 놓고 싶었다. 다만 이 연구를 진행하면서 생명과학 분야 협력은 전적으로 현과 국가생명정보기술원에 의존하고 있었다. 로봇 분야에선 초일류 실력을 갖췄지만 바이오 분야는 알고 있는 것이 거의 없었기 때문이다. 그러던 도중 갑자기 예상치 못한 젊은 연구자가 나타나 일을 돕겠다고 하니 그만 소리를 치고 만 것이다.

오 대표가 경험 많은 생명과학자를 파견해 주길 원한 건 생명과학 분야 전반에 걸친 지식을 가진 전문가와 공동개발을 원했기 때문이었다. 레인브릿지의 연구자들이 목표와 진행과정을 설명해 주면 회의와 보고서 등을 통해 필요한 생명과학 지식을 전달해 주는 일, 그리고 다시 피드백을 받으며 서로 의견을 주고받는 일을 반복해서 진행하는 것이 수민의 일이었다.

그러니 수민은 레인브릿지에서 파견근무를 진행하는 데 그리 어려운 일은 없었다. 연구의 전체적인 진행은 이미 계획이 다 세워져 있었고, 그 과정을 지휘하는 것도 수민의 역할이 아니었으며, 수민은 진행되는 세세한 일 자체가 생명과학 관점에서 크게 오류가 없는지 확인하는 것만 충실히 진행하면 됐다.

물론 모든 일이 쉽기만 한 것은 아니었다. 일을 하다 보면 진행이 막히고, 의외로 많은 시간이 걸리는 경우가 계속해서 생겼다. 로봇 및 기계공학자들과 협업하려면 기계시스템에 대한 이해가 필수적이었는데, 이 부분을 미리 꼼꼼히 공부해 두지 않으면 맡은 바 일을 하기가 어려웠다.

결국 수민이 생각해 낸 방법은 염치없는 줄 알지만 오 교수를 찾아가 물어보는 것이었다. 수민은 처음엔 오 대표의 무례한 태도에 적잖이 당황했었다. 그의 말투는 매번 거칠었고, 간혹 후배나 제자들의 등을 후려치는 등 태도도 거침이 없었다. 이런 행동 자체는 분명 문제를 삼을 만한 것이었지만, 적어도 '배우겠다'고 방문을 두드리는 후배 연구자를 모른 척하는 사람은 아니었다는 점을 은연중에 알게 되었다. 결국 그는 매번 오 교수에게 배운 것을 바탕으로 생명과학에 필요한 지식을 정리해서 회의장에 가지고 들어가곤 했다.

"또 온 거야? 어디 이리 가지고 와 봐요. 에이."

"저…… 바쁘신데 죄송합니다. MEMS가 어떻게 DNA에 관여할 수 있는지 그 기계적인 원리를 좀…….

"아니 이 정도는 말단 연구원도 아는 것 아니야. 나한테까지 가지고 와야 하나. 쯧쯧. 아무튼, 여길 보라고. 이 시스템의 특징은 이 미세로봇 팔 끝에 있는 효소에 있는데, 워낙 크기가 작다 보니 우리 회사에선 이 부분을 구현하기 위해 특수 개발한 리니어 모터를 채용하고 나노단위 와이어를 이용해……."

수민은 그렇게 기계시스템과 자동화기술에 대해 그에게 묻고 또 물었다. 그때마다 구박을 받으면서 느낀 점은 오 교수가 연구에 바치는 열정만큼은 진심이라는 점이었다. 수민은 레인브릿지에서 하루 이틀 일을 하면 할수록 이 아버지뻘 과학자에게 '연구자로서의 마음가짐'만큼은 꼭 배워야겠다고 생각했다.

그렇게 어느덧 2개월이 지나갔다. 그런 노력이 더해진 때문인지 레인브릿지는 공장용 인공지능 로봇시스템 'BFAF-001 BioFoundry Auto Factory'을 개발했다. 생명공학 분야 기업체에서 생명체의 원하는 기능을 유전자 교정 등을 통해 구현하면, 이를 반영해 제품 생산에 즉시 활용할 수 있도록 돕는 장치다. 인공지능을 이용해 공장의 생산 규모에 맞춰 바이오 관련 실험을 자동적으로 진행한다. 효소나 화학용품, 에너지 분야 등 공장에서 두루 사용이 가능했다.

오 대표의 명성과 맞물려 향후 관련 산업에 얼마나 큰 영향을 미칠지 계산하기조차 어려운 대단한 성과라서 이 소식은 빠르게 퍼졌다. 신문과 온라인 뉴스에는 "로봇 분야의 대가 오정규 교수, 이번엔 생명과학 정복"이라는 제목을 단 기사가 연일 쏟아져 나왔다. 어디까지나 조력자 입장이었던 수민이 이 일로 스포트라이트를 받긴 어려웠다. 그러나 이렇게 중요한 프로젝트에 자신이 참여했다는 사실은 그녀에게 큰 자부심과 이력으로 남았다.

******

"저. 단장님."

"응. 왜 그러나? 보고 마쳤으면 돌아가 봐요."

"계속 궁금한 게 있었어요. 왜 저를 오 대표께 보낸 건가요? 분명 기업체를 돕는 건 우리 연구소가 하는 일 중 하나고 좋은 경험이었는데, 제 역량을 기르는 데 어떤 직접적인 도움이 된 건진 알기 어려웠어요."

다음날 생명정보기술원으로 복귀한 수민이 그동안의 일을 현에게 보고하며 물었다. 현의 대답은 의외로 덤덤했다.

"그건 내일부터 그간 미뤄 뒀던 일을 시작해 보면 알게 될 거예요. 수

고했어요. 정말 고생이 많았어요."

"예······."

어안이 벙벙한 수민은 조용히 단장실을 나왔다.

몇 시간 후 퇴근 시간. 현은 부인인 권하선 박사와 함께 나란히 연구실 문을 나서며 입을 열었다.

"짧은 기간이지만 김수민 박사가 정말로 수고해 줬어. 다음 달부턴 한 사람 몫을 제대로 할 수 있게 될 거야."

"왜 그렇게 되는 거예요? 저도 이해가 잘 안 갔어요."

하선이 고개를 갸웃거렸다.

"그 친구는 지식이 너무 편중돼 있었어. 뭐랄까, 마치 우리 부모님 시대의 생명과학자 같았거든. 그래서 인공지능과 로봇기술 분야를 좀 더 경험했으면 했어."

"아. 그래서 오 대표가 있는 곳으로."

"그 부분을 제대로 알지 못하면 요즘 시대에 맞는 속도감 있는 연구를 하기 어렵거든. 그리고 오 교수님처럼 사람 등 때려가면서 다그쳐서 공부시키는 스타일이 저 친구에겐 오히려 잘 맞을 거라는 생각도 들었고."

"아. 오 대표님을 돕다 보면 싫어도 그 분야를 공부해야 하니까요?"

"저 친구, 자기는 몰라도 바이오파운드리 관련해선 이미 웬만한 부분은 다 꿰고 있을 거야."

"나 참. 어디까지 내다보고 있는 거예요?"

"아까 오 교수님이랑도 통화했는데, 후계자로 삼을 거냐고 묻더라고.

뭐 꼭 그런 걸 생각한 건 아니지만 수민 씨는 곧 중요한 일을 맡아서 할 수 있게 될 거야."

"그럼요. 그거면 충분하죠."

"참, 한 가지는 꼭 고쳐줬으면 좋겠는데."

"어떤 거요?"

하선이 갸웃거리며 묻자 현은 뒤통수를 긁으며 대답했다.

"그……. 지각하는 거. 휴. 오늘도 복귀 첫날부터 늦었더라고."

로봇시스템, 생명과학과 만나다

이번 편에서는 바이오파운드리와 관련된 연구를 시작한 로봇과학자의 연구에 김수민 박사가 참여하는 과정이 나옵니다.

바이오파운드리, 일상생활 속에서 자주 쓰는 단어는 아닙니다. 이보다 조금 더 큰 개념인 '합성생물학'에 대해서 먼저 알고 계시면 좋을 것 같습니다.

그리고 합성생물학을 알기 위해선 다시 '시스템생물학Systems biology'을 알 필요가 있습니다. 유전자의 존재가 알려지고 그 유전자를 편집, 합성하면서 생명체의 성질을 조정하는 것이 가능해졌습니다. 이렇게 생체물질들의 상호작용을 연구해 우리가 원하는 형질을 만드는 학문을 흔히 '시스템생물학'이라고 불렀습니다. 정확한 표현은 아니지만 '유전자 조작으로 생명체의 기능을 바꾸는 일'이라고 이해하시면 조금 편할 것 같습니다. 하지만 세균이나 균류, 간단한 구조의 식물 등을 넘어서서 그보다 훨씬 높은 수준의 동물을 제어하려면 상당히 복잡한 연구가 필요합니다. 그래서 등장한 개념이 '합성생물학'입니다. 생명체의 유전자 기능을 하나하나 확실히 구분한 다음, 이것들을 마치 기계 장치처럼 조립해서 생명체의 기능을 만드는 일입니다. 생명체의 기능을 그렇게 마음대로 주물러도 되느냐는 이견이 있을 수 있지만, 연구개발 등의 과정에서는 생명체의 기능 그 자체를 이해하고 산업에 적용해 나가려면 이렇게 효율 좋은 방법이 필요하기는 합니다.

합성생물학이 발전하면서 이 효율을 최대로 높이기 위해 로봇과 ICT 등을 적극적으로 도입해 하나의 공정을 설계할 필요가 생깁니다. 이런 융합분야를 '바이오파운드리'라고 하지요. 생명 생산 공장이라고 하면 될 것 같습니다. 본래 파운드리foundry라는 용어는 금속을 녹여서 주형에 붓고 주물을 만드는 공장에서 유래한 단어입니다. 공장에서 물건을 생산하려면 부품과 설계도도 필요합니다. 이 분야 과학자들은 바이오파운드리에 쓸 수 있는 부품과 설계도(조립 방법)를 담은 문서들을 연구해 공유하고 있습니다. 현재까지 2,800개 이상의 연구팀이 연구한 20,000개가 넘는 DNA 부품들의 자세한 정보와 다양한 조합으로 테스트된 유전자회로들이 문서화되어 있고, 누구나 이걸 꺼내서 새로운 생명체를 다시 만들어 볼 수 있는 단계에 와 있습니다.

최근 바이오파운드리 개념이 부쩍 주목받고 있습니다. 이 연구를 통해 얻은 천연 물질 합성법, 각종 치료제 등이 바이오산업에서 파괴적인 혁신을 보여 주고 있다고 합니다. 예를 들어 아미리스Amyris라는 해외 제약 회사는 바이오파운드리를 도입한 이후, 생명과학 분야 산업에 유용한 물질을 지난 7년간 15개나 상용화하는 데 성공했습니다. 과거와 비교하면 효율이 몇십 배나 높아진 것입니다.

앞으로 바이오파운드리가 점점 더 발전하면 마치 IT나 기계공학 제품이 등장하듯 새로운 신약 후보 물질, 각종 바이오산업용 제품이 빠른 속도로 쏟아져 나오기 시작할 것 같습니다. 답답하고 연구도 오래 걸리는 바이오 분야, 앞으로는 IT처럼 속도감 있게 연구하고, 그 결과를 볼 수 있는 세상이 얼마 남지 않은 것 같습니다.

+ 유전자를 편집, 합성하는 기술이 생겨나면서 생명체의 성질을 인위적으로 조정하는 것이 가능해졌습니다.
+ 미생물 등 비교적 크기가 작은 것은 시스템생물학, 그보다 더 복잡한 것은 합성생물학 이라고 부르지요.
+ 그리고 이 과정에서 로봇과 ICT 등을 도입해 하나의 공정으로 설계하는 것을 '바이오파운드리'라고 합니다.

Chapter 2

바이오 산업의 기초는 세포다

생명과학은 동물의 장기, 피부, 유전자 등 여러 가지 생명현상을 이해하기 위해 노력하는 학문입니다. 그 기본 단위인 '세포'의 기능을 이해하는 것은 생명과학의 근간이라고도 할 수 있지요. 더 나아가 세포의 구성 요소를 알고 그 특징을 구분하는 일은 생명과학을 산업에 응용하기 위한 필수 요소랍니다. 미래엔 세포를 통해 어떤 산업을 만들어 가게 될까요?

그들이 불안한 이유(2035년)

TV 뉴스에서는 사람들이 도시 곳곳에 모여 시위를 하는 모습을 하루도 빠지지 않고 보여 주고 있었다. 인류 역사에 민주주의가 등장한 이후 어디서나 볼 수 있는 흔하고 오래된 풍경이다. 하지만 이제 시위의 목적과 형태는 과거와 달라지고 있었다. 정보 격차가 해소되고 생활수준이 향상되면서 과거처럼 이념이나 정치적인 목적으로 시위를 하는 사람을 찾긴 점점 어려워졌다.

새로운 시대가 시작되면서 사람들의 관심은 더 개인적인 문제로 모였다. 한 사람 한 사람의 존엄성, 인간으로서 마땅히 지켜야 할 근본적 가치, 이런 철학적이고 종교적이기도 한 관념들이 새로운 과학기술과 충돌할 때 그들은 거리로 나섰다. 급속도로 변화하기 시작한 과학기술의 행보를 놓고 사회적인 '합의'를 구하기 위해 대중이 갖는 일말의 노력인지도 몰랐다.

최근엔 '인체이식용 장기 제조'에 반대 목소리를 내는 사람들이 부쩍 늘어나고 있었다. 국가과학기술국에서 앞으로 수년 이내에 실제 적용이 기대되는 여러 관련 기술의 실용화 연구를 지원하겠다는 발표가 나왔기 때문이다.

　국제식품의약국에서 몇 종류의 인공장기 이식 기술은 과학적으로 안전성에 큰 문제가 없다고 공식 발표한 것이 이미 몇 해 전 이야기다. 일부 국가에선 실험 목적이지만 인공장기를 치료에 도입한 사례도 등장하기 시작했다. 국내에서도 이 기술을 본격적으로 실용화하려는 시도가 여러 번 있었다. 하지만 번번이 사회문제가 커지고, 때마침 몇 건의 의료사고가 불거지면서 한국 내 여론은 극도로 안 좋아졌다. 결국 인공장기 제조를 허가하는 의료법 개정은 몇 년째 국회에서 계류 중이다.

　과학자들의 연구 활동을 막는 사람은 없었지만 실제 의료에 적용하려면 임상시험을 거쳐야만 한다. 이때는 불완전한 기술이 실험실 밖으로 나

오는 것이라 사회가 정한 법과 규정을 따라야만 했다.

강현 연구원도 이 문제로 골머리를 앓곤 했다. 국가과학기술국에서 관련 기술의 실용화 연구를 적극적으로 추진한다면 현의 연구팀은 지원자 중 0순위로 꼽힐 터였다. 현 자신도 관련법만 허용된다면 지금 당장 병원으로 달려가 임상 연구를 시작하고 싶은 아이디어가 수없이 많았다. 하지만 법은 언제나 보수적이었다. 사회시스템을 유지하려는 입장에선 검토할 것이 많겠지만 연구자로서 맥이 빠지는 것은 어쩔 수 없는 일이었다.

그날도 그랬다. 현은 연구실 한쪽 벽에 걸어 둔 입체 영상 TV를 통해 "생명 존엄성 무시하는 정부기관은 각성하라"는 피켓을 든 시민이 언성을 높이는 것을 보자 들고 있던 마이크로 피펫_{Micro Pipette} (실험용 초정밀 스포이드)을 '탁' 소리가 나게 내던지고 말았다.

"이런 이야기를 해도 되나 모르겠는데, 사람들은 왜 알지도 못하면서 이렇게 시끄럽게 구는 걸까. 모르면 그냥 전문가들 의견대로 따라오면 될 것 아니야."

"에이. 말이 좀 과한 거 아니에요? 연구 기관은 시민이 동의하고 지원해 주니까 존재하는 건데."

하선이 달래듯 말했다.

"미안. 그냥 답답해서 그래. 이 연구로 목숨을 구할 수 있는 사람도 많을 텐데 꼭 저렇게 해야만 하는 걸까. 왜 기술의 원리를 이해하려는 노력은 하지 않고 무조건 반대만 하는 건지 모르겠어."

현은 쓸쓸하게 말했다.

치료 시기를 놓쳐 말기까지 진행돼 버린 악성 암 환자에게 장기 이식 기술은 마지막 희망이 될 수 있다. 장기의 선천적인 기형, 면역성 질환, 사고로 인한 큰 부상까지 고려하면 안전한 이식용 장기를 확보하기 위한 기술은 반드시 필요했다.

인공적으로 장기를 만드는 방법이야 여러 가지가 있었지만 크게 두 부류로 나뉜다. 돼지 등 다른 동물의 형질을 전환해 사람의 몸에 이식할 수 있는 장기를 갖고 태어나게 만드는 '바이오이종장기', 세포를 처음부터 배양해 나가며 시험관 속에서 사람의 몸에 필요한 장기 형태로 키우는 '오가노이드Organoid(장기유사체)' 등의 기술이 대표적이다. 기술 특성상 큰 장기를 만들 때는 바이오이종장기가, 미세조직을 만들 때는 오가노이드가 적합하기 때문에 두 가지 기술을 상황에 맞게 사용한다.

이 두 가지 기술은 수십 년 전부터 나름대로 발전해 왔기에 일부에선 이미 임상에 도입되고 있는 등의 성과가 나오고 있었다. 그러나 기술의 부작용을 완전하게 제어하려면 유전자의 기능을 인위적으로 설계해 필요한 세포, 조직 등으로 만드는 '자기조직화 다세포 구조self-organizing multi-cellular structure'기술의 혁신이 뒤따라야 한다는 보고가 많았다. DNA 설계는 현의 특기라고 불려도 좋은 분야라 그는 틈만 나면 "앞으로 십수 년 이내에 관련 기술을 실용화해 낼 수 있다"고 호언장담했다.

"난 DNA 구조까지 손대지는 않으니까 잘 모르겠는데요. 이 기술을 더 연구하면 대부분의 장기를 만들 수 있고, 다른 동물의 장기를 이식받을 때 생기는 면역거부반응을 막을 때도 도움이 되는 거 맞죠?"

"이론적으로 가능성이 크지. 하지만 응용 과정에도 연구가 필요하니까."

"어떤 연구요? 나 좀 가르쳐 줘 봐요."

하선은 현의 눈을 바라보고 생글생글 웃으면서 물었다.

"정말 몰라서 묻는 건 아니지? 예를 들어 몇 달 전에 폐가 안 좋은 사람이 인공장기를 이식받아서 화제가 된 적이 있잖아. 그런데 폐 하나만 가지고도 과학자들은 아주 많은 연구를 거쳐 이식에 필요한 수많은 조건을 일일이 찾아내야 했었거든. 가끔 '돼지 머리에 사람의 뇌를 만들어 넣으면 사람처럼 생각하고 말할 수 있는 돼지가 태어나는 것 아니냐'는 식으로 극단적인 우려를 사람도 있던데 갑자기 그런 일을 해내기는 쉽지 않다고. 그러니까 관련법을 잘 만들어서……."

"하지만 자기는 할 수 있죠?"

하선은 계속 생글거리며 재차 물었다.

"뭐? 그건……."

현은 말을 멈췄다. 자신이 그런 '괴물'을 정말 만들어 낼 수 있을까 생각해 보니, 시간과 연구비만 주어진다면 불가능하다고 단정하기도 어렵다는 생각이 들었다.

"저 사람들은 그런 점이 꺼림칙한 거예요. 어떻게 될지 모르겠으니까. 자기처럼 실력 좋은 사람 중 한 명이 갑자기 나쁜 마음을 먹으면 어쩌나 싶고. 이 기술이 잘못돼서 안 좋은 데 쓰이면 어떻게 하나 싶고."

"하지만 매사 그런 식이면 지식의 발전이 있을 수 없어."

"맞아요. 그러니까 이런 문제는 사람들의 불안감을 이해하는 데서 시작해야 할 것 같아요. 우리가 하려는 일을 좀 더 알기 쉽게, 더 투명하게 알려 줄 필요도 있을 것 같아서요. 시간도 필요할 거고."

"……."

"왜요? 혹시 화났어요?"

"아니야. 그래. 자기 말 듣고 보니 그러네."

"어. 왜요? 아유. 하지 마요. 아프다니까. 아우……."

현은 조용히 두 손을 뻗어 하선의 양쪽 볼을 지그시 잡아당겼다. 그만의 애정 표현 방법이지만 하선은 매번 질색하곤 했다. 하지만 막상 뿌리치는 일은 거의 없었다.

그러다 잠시 후. 현은 두 손을 내려놓고 잰걸음으로 책상 위 컴퓨터 앞으로 걸어갔다. 그리고는 재빠르게 파일을 몇 개를 골라 전자잉크 서류에 옮겨 담기 시작했다.

"갑자기 뭐해요?"

"아. 홍보실에 다녀와야겠어. 지난번에 나한테 대중 강연 다녀와 달라고 했었는데, 안 가겠다고 하면서 버티고 있었거든."

현은 서류 뭉치를 챙겨 들고 빠르게 문밖으로 나섰다. 뺨이 조금 발그스름해진 하선은 그의 뒷모습을 보며 여전히 생글생글 웃고 있었다.

난치병 치료를 기대할 것인가, 괴물의 탄생을 두려워할 것인가

가끔 드라마나 영화를 보면 동물을 마구 개조하는 악당 같은 과학자들이 나옵니다. 대중이 알기 어려우니 보통 '유전자 조작(편집)'이라는 말을 쓰지요. 유전자에 손을 대려면 앞서 말씀 드린 유전자가위기술을 이용하면 됩니다.

DNA는 사람이 가진 유전자의 본체를 말합니다. DNA를 교정하거나 수정할 수 있다면, 만약에 그것을 수정란 단위에서 할 수 있다면 당연히 태어날 생명체의 특징도 마음대로 조정할 수 있을 겁니다. 사람을 예로 들면 키를 얼마나 크게 할 것인지, IQ를 어느 정도로 설정할 것인지 하는 개개인의 특성을 날 때부터 조정할 수 있게 되는 겁니다.

하지만 그런 말로 뭉뚱그려 이해하기엔 중간에 알아야 할 부분이 더 있습니다. 유전자만 편집한다고 뭐든 마음대로 할 수 있는 것은 아니니까요. 유전자는 자신의 복제RNA를 만들고, 그 복제를 통해 단백질 구조를 찍어내 세포를 만듭니다. 이 세포를 완전히 자기조직화해서 '다세포 구조물' 즉 세포가 분열하면서 구조물을 형성해 가는 과정도 조절할 수 있어야 합니다. 이런 분야를 전문적으로, 특히 앞서 말씀드린 합성생물학적인 방법으로 풀어 보는 노력을 '자기조직화 다세포 구조' 연구라고 하며, 최근 생명공학계에서 큰 관심을 얻고 있는 분야입니다. 쉽게 말해 과거의 '유전공학기술'에서 한 발 더 나아가, 그것의 발생을 세포 단위에서 완전히 통제하는 방법을 연구하는 것입니다.

이렇게 하려면 유전자가 보내는 신호가 제대로 전달되고 그 신호에 맞게 단백질을 만들어 내는 과정을 알아야 합니다. 신호 전달에 관련된 합성유전자를 써서 일종의 '회로'를 인위적으로 만들어 세포시스템에 도입하고, 이로 인해 초래되는 현상들을 관리해 생명현상을 통제하는 방법론이기도 합니다. 세포끼리 접촉하면서 내놓는 신호를 흉내 내기도 하고, 세포 간 집합을 형성하는 단백질 입자를 인위적으로 넣어 주기도 하지요. 세포의 발생 과정 중에서 생겨나는 복잡한 자기조직화 과정을 알아가기 위해 이런 연구는 꼭 필요합니다. 이런 원리를 충분히 알아낸다면 언젠가 우리들은 우리가 원하는 구조와 조직을 세포에서 만들어 낼 수 있는 단계에 도달할 수 있을지 모릅니다.

그 결과는 이 짧은 소설에 적은 것처럼 여러 가지로 나타나겠지요. 어떤 질병이든 마음대로 척척 고쳐나가는 약을 만들거나, 현재 기술로는 불가능한 인공장기의 생산도 가능해질지 모릅니다. 소설에 나온 것처럼 동물의 특징을 바꿔 넣으면 사람처럼 생각하고 말도 하는 '돼지'를 만들어 내지 말라는 법도 없지요.

이 때문에 이런 기술 연구 자체에 대한 우려가 있는 것 같습니다. 하지만 연구 자체를 못 하게 막는 것은 곤란하다는 생각도 듭니다. 지식이 늘어나서 나쁠 것이 있을 리 없지요. 문제는 그런 기술이 어디에 쓰이는가 하는 점이 아닐까 싶습니다.

알아 두면 좋은 핵심 요약

+ 생명체의 기능을 조정하려면 무엇보다도 '유전자'가 중요합니다.
+ 하지만 유전자가 만드는 세포를 제대로 된 생체 조직으로 엮어내는 기술 역시 필요합니다.
+ 이런 일련의 과정을 합성생물학적 기술을 이용해 풀어 보는 것을 '자기 조직화 다세포 구조' 연구라고 부른답니다.

나형묵 단장님의 첫사랑(2035년)

생산 시설 자동화 분야에선 국내 정상급으로 기업으로 꼽히는 '날리지 뱅크시스템Knowledge Bank System. KBS'은 최근 사세 확장을 위해 새로운 사업에 눈독을 들이고 있었다. 바로 농업 및 식품유통 사업이었다. 2035년이 된 지금, 농업은 이미 첨단 과학기술 사업의 범주에 들어갔다. 농업 시장에서 생존하려면 유전물질편집기술이나 첨단 공학기술 등의 각종 과학기술 분야를 두루 섭렵해야 했다.

KBS가 생소한 사업에 뛰어들 수 있던 건 나름대로 비빌 언덕이 있었기 때문이었다. 과거 바이오 전문 기업인 한스HANS의 공장 시설 자동화 설계 작업을 해 줬던 것이 인연이 돼 두 회사 공동으로 합자회사를 설립했다. 한스가 생명과학기술을 이용해 새로운 식자재 개발을 맡으면, 생산 공장의 설계와 유통은 KBS가 맡는 식이었다. 두 회사 모두 규모가 상당하다 보니 이 사실은 신문, 방송 등에 여러 차례 소개됐다. '국내 농식품

산업 다크호스 될까⋯ KBS, HANS와 협력, 조인트 법인 HKBS 출범' 등의 제목을 단 기사가 연일 쏟아져 나왔다. 그때만 해도 이 신생 기업의 밝은 미래를 의심하는 사람은 그렇게 많지 않았다.

그러나 막상 HKBS의 운영이 순탄하지만은 않았다. HKBS가 가장 먼저 주목한 분야는 생산성이 높으면서도 밥맛이 뛰어난 신품종의 쌀을 개발하는 일이었다. 유전자 교정을 통해 기능(형질)이 개선된 쌀 품종의 개발이 3년이 넘도록 상용화가 가능한 수준에 도달하지 못하고 있었다. 생명과학 전문가 김혜영 사장이 HKBS 신임 사장으로 취임해 온 것은 그 때문이다.

'국가생명정보기술원 산하 기술지원단' 소속 강현 연구원이 상사인 나형욱 단장의 강압에 가까운 지시를 받고 바쁜 일정을 미룬 채 부산행 열차에 몸을 실은 것도 마찬가지 이유였다. 김 사장이 "일을 내부에서 계속 끌어안고 있기보다는 기업 지원을 목적으로 설립된 국가 연구 기관에 도움을 요청해 보자"는 아이디어를 냈기 때문이다.

현이 올라탄 4세대 KTX는 고속형 자기부상열차 방식으로 서울에서 부산까지 1시간밖에 걸리지 않았다. 열차에서 내린 다음부터는 자율주행차를 이용해 일체의 교통체증 없이 시내를 이동할 수 있으니 전국 어디든 목적지까지 왕복 두세 시간이면 충분했다. 아침 일찍 출발한다면 점심시간 전후에 연구실에 돌아올 수 있겠지만, 현은 일부러 일정을 조절해 오후에 출발하기로 했다. 권하선과 함께 가야 하니, 함께 노을이 진 저녁 바다를 보며 식사라도 하려는 생각이었다. 식물의 생육 과정에 필요한 정보시스템 전체를 점검해야 할 수도 있는데, 관련 기술에 관해선 하선만한 적임자도 드물었다.

"먼 길 오느라고 수고하셨습니다. 유명하신 분을 뵙게 되어 영광입니다."

현과 하선이 오후 3시 조금 넘어 도착하자 HKBS 김 사장이 현과 하선을 반갑게 맞이하며 말했다.

"제가 도움이 될 수 있을지 모르겠습니다. 전공 분야와도 조금 거리가있고."

"나형욱 단장님께서 '강현 연구원이 못 하면 아무도 못 한다'고 하던걸요."

김 사장은 웃으면서 말했다.

현은 나 단장 이야기를 하는 김 사장의 목소리가 유독 생기 있게 들려묘한 느낌을 받았다. 그리고는 나지막하게 입속말을 재빠르게 중얼거렸다. '별걸 다 나한테 다 떠넘기시는군, 싫었더니……. 이런 미인 사장님부탁을 들어 주고 싶어서 일정도 빠듯한 나를 출장 보냈다 이거지.'

"실례지만 단장님과는 어떻게 아시는 사이신지요?"

"학부 때 동기예요. 같이 수업도 많이 듣고 했었지요."

현의 질문에 김 사장은 입을 가리며 말했다.

"이 업계에선 사장님 성함을 모르는 사람이 많지 않습니다. 내부에서해결하실 수 없는 일은 거의 없었을 텐데 어떻게 된 일이실까요?"

현이 약간 퉁명스럽게 재차 물었다.

"일단 신품종 개발은 성공했어요. 나름 신경 썼기 때문에 유전자의 기능이 꽤 안정적으로 나타난다고 생각해요. 그런데 뭐가 잘못됐는지 처음 기대했던 만큼의 수확이 나오질 않는 거예요. 저도 이 회사로 오고 나서 전체 과정을 전부 점검했는데 원인을 알기 어려웠어요."

"일단 지금까지 진척 상황을 좀 볼 수 있을까요?"

3시간 정도 지났을까. 현과 하선은 HKBS 내부 기술진들에게 개발 과정에 대해 두 시간 정도 브리핑을 듣고선 연구소 내에 마련된 시험 재배 시설을 둘러보고 있었다. 현은 한손에 작은 홀로그램 디스플레이 장치를 들고 신품종 벼의 교정된 유전자가 식물 발달 과정에 따라 주요 유전자 및 단백질에 어떤 영향을 끼치는지 점검하고 있었다. 하선은 농장용 환경 제어 프로그램에 이상한 곳은 없는지 살피고 다녔다.

"식물 생장 온도를 수정해 봐야 할 것 같아요. 유전자 설계 과정에서 온도에 따른 단백질 변성은 고려하지 않은 것 같거든요. 그러니 생육 과정에서 가급적 온도가 높아지지 않도록 주의할 필요가 있어요. 추가로 냉각기를 설치하는 방법도 괜찮을 것 같습니다."

둘은 일을 빠르게 진행했다. 하선은 본래 일처리가 빨랐다. 현과 잠시 이야기를 주고받는가 싶더니 곧 옆에서 설명을 듣고 있는 기업 연구자들에게 특유의 설명조 말투로 속사포처럼 쏟아내며 여러 가지를 알려 주고 있었다.

"몇 시간밖에 안 됐는데도 저희는 생각도 못 한 걸 콕콕 잘 짚어 내시네요. 역시 도움을 요청하길 잘 했어요."

자문을 마친 현과 하선이 퇴근을 준비하고 있는 모습을 지켜보며 김 사장이 감동한 듯 말했다. 하지만 그녀는 오늘로 업무를 종료하고 다시 찾아와 주지 않으면 어쩌나 싶은 불안감이 들어 연이어 물었다.

"하지만 오늘 말씀해 주신 것만으로는 문제가 완전히 해결되지는 않을 듯합니다. 어떻게 생각하세요?"

"여기까지만 해도 생산량은 상당량 늘어날 겁니다. 발아율이나 생장률 모두 꽤 높아질 것 같은데요."

현은 여전히 약간 퉁명스럽게 말했다.

"이야기해 주신 내용을 어림잡아 봤는데, 아슬아슬하게 생산 가능한 수준까지 높일 수 있을 것 같기도 해요. 하지만 그 정도로는……, 뭔가 근본적인 해결책이 아닌 것 같아서요."

"무슨 말씀이신지 알겠습니다. 그 부분은 DNA 설계 과정을 천천히 살펴봐야 알 수 있을 것 같습니다. 추후 진행 여부는 다시 알려드리겠습니다."

"예. 잘 부탁드립니다."

김 사장의 배웅을 받고 회사를 빠져나온 현과 하선은 해운대 앞 바닷가 한 식당을 찾아 저녁 햇살이 내리쬐는 창가 식탁에 마주 앉았다. 음식이 나오기 전 하선이 말을 꺼냈다.

"왜 그랬어요?"

하선이 물었다.

"뭘?"

"에이, 말해 봐요. 아까 왜 전부 다 알려 주지 않은 거예요?"

"아니야. 그 회사에서 개발한 벼는 DNA 설계가 처음부터 꽤 탄탄했어. 내가 손댈 부분은 거의 보이지 않았는데."

"하지만 자기는 해결 방법을 알고 있지 않나요? 겨우 몇 퍼센트의 효율을 올리려고 시험 재배 시설까지 점검할 문제는 아니었던 것 같아서요."

"세포 내 핵 유전자 교정을 통해 해결하려고 했는데, 맛 관련 유전자 기능이 식물 생장에는 부작용을 일으키는 것 같아. 이걸 전부 찾아내려면 엄청나게 긴 시간이 걸릴 거야. 차라리 다른 곳에서 기능을 보완하면 좋을 텐데."

"오. 어떻게요?"

"세포 내 소기관인 미토콘드리아의 유전자를 이용하면 어떨까 했거든. 인공지능을 써서 작업하면 오래 걸리진 않을 것 같았어."

"아. 그러네요. 그런데 왜 알려 주지 않은 건가요?"

"그 전에 한 가지 꼭 확인하고 싶은 게 있어서 말이야."

"뭘요? 그게 뭔데요?"

현은 고개를 갸웃거리고 있는 하선의 질문에 대답하는 대신 쓰고 있던 스마트 안경을 터치하며 말했다.

"전화를 걸어줘. 나형욱 단장님."

"예. 단장님 접니다. 예. 그런데 지시 주신 건 저도 잘……. 예. 그래서 하선 씨랑 논의해서 최대한 생산 효율을 높이는 방안만 알려 주고 나왔습니다."

"그런가. 아쉽게 됐네. 수고 많이 했어요."

나 단장이 전화 너머로 말했다.

"뭐 잘하면 다른 좋은 방법이 생각이 날 법도 한데, 그 전에 한 가지만 알려 주시면 시도해 보겠습니다."

"응? 뭘 말인가?"

"김 사장님이랑, 학교 때 어떤 사이셨습니까?"

"그……, 그게 자네랑 무슨 상관인가?"

현의 갑작스러운 질문에 나 단장은 당황해서 말했다.

현은 묵묵히 통화 중인 나 단장의 모습을 홀로그램으로 바꾸어 하선에게 보여 주기 시작했다. 나 단장은 얼굴이 빨갛게 되기 시작했다.

"이야기 안 해 주시면 오늘로 출장 종료하겠습니다. 한 번만 더 오면 뭔가 획기적인 방법이 떠오를 것 같기도 한데. 아, 이걸 어쩐다……."

✳✳✳✳✳

"와. 자기 못 됐네요. 풉."

현이 전화를 끊자 하선은 웃음이 터져 나오려는 걸 가까스로 참으며 말했다.

"이 정도는 좀 봐 달라고. 단장님이 갑자기 소년 시절 감성을 떠올리신 것 때문에 여기까지 출장 온 건데 좀 억울하잖아. 내가 이번 주에 얼마나 바빴는지 알아."

현은 망치로 랍스터의 집게발을 부수면서 중얼거렸다.

술을 잘 마시는 사람과 못 마시는 사람의 차이

혹시 여러분, 술을 마시면 얼굴이 빨갛게 되는 이유를 아시나요? 생명과학, 또는 의학에 관심이 있는 분들은 아마 알코올이 분해되면서 생기는 '아세트알데하이드 acetaldehyde' 때문이라고 알려 주시곤 할 겁니다. 술이 몸속에서 분해되면서 생기는 독성물질이 바로 아세트알데하이드지요. 이 물질은 혈관을 공격하는데 그래서 두통이나 구역 등이 일어납니다. 이 과정에서 혈관이 넓어지고 혈류량이 많아지기 때문에 피부도 붉게 변하게 됩니다.

그런데 좀 더 나아가 생각해 봅시다. 왜 어떤 사람은 술을 잘 마실 수 있고, 어떤 사람은 심한 숙취를 겪게 될까요. 이 물질을 분해해 주는 효소도 있기 때문입니다. 알데하이드탈수소효소aldehyde dehydrogenase. ALDH라고 부르는데, 주로 간 속에서 일을 하는 효소입니다. 어떤 사람들은 '간이 튼튼해지면 술을 잘 먹게 된다'고 이야기하기도 합니다. 뭐, 아주 틀린 말은 아니지만, 어느 정도 선천적인 기능이라 간이 아주 많이 상한 사람이 아니면 큰 관계는 없을 듯싶습니다.

그렇다면 간은 도대체 어떻게 ALDH로 알코올을 분해할까요? 알코올은 소장에서 흡수돼 간에 도착하는데, 알코올탈수소효소alcohol dehydrogenase. ADH라는 또 다른 효소가 알코올을 1차로 분해합니다. 이때 생겨나는 물질이 아세트알데하이드지요. 이때 간세포 속에 있는 '미토콘드리아'라는 소기관이 일을 합니다. ALDH를 가지고 있다가 아세트알데하이드에서 수소hydrogen. H를 하나 떼어냅니다. 그럼 마침내 알코올은 두 단계를 거쳐 '아세트산acetic acid(초산)'으로 바뀌면서 분해가 끝이 납니다. 술 마신 사람이 숨을 내쉴 때마다 시큼한 냄새가 나는 이유가 이것 때문이 아닐까 생각합니다.

그리고 우리가 흔히 잘 생각하지 않는 조건이 있는데, 우리 몸속 미토콘드리아는 어머니의 난자로부터 받아 옵니다. 아버지의 정자는 유전자의 본체만 전해 줄 뿐 세포 속 소기관인 미토콘드리아가 들어 있지 않습니다. 그러니 우리 몸에서 ALDH에 관여하는 미토콘드리아를 어머니에게 받은 이상 술을 잘 마시느냐, 못 마시느냐는 사실 어머니의 영향을 더 많이 받습니다. 즉 '모계유전'이 더 강하게 나타나는 것입니다.

갑자기 왜 술 마시는 이야기를 하고 있느냐 하면 사람이 술을 잘 마시느냐, 혹은 못 마시느냐 하는 문제의 근본 원인을 계속 짚어 보면 결국 미토콘드리아 때문이라는 것을 알 수 있기 때문입니다.

이 말은 미토콘드리아를 자유자재로 조정할 수 있다면, 지금까지 미토콘드리아의 문제로 인해 겪었던 동식물의 특성을 상당 부분 조절할 수 있다는 뜻이 됩니다. 예를 들어 저는 불행히도 술을 잘 먹지 못하는데, 누군가가 제 간세포 속에 있는 미토콘드리아를 ALDH가 풍부한 좋은 것들로 바꿔 준다면, 저는 아마도 술을 잘 먹는 사람이 될 수 있겠지요. 물론 지금 당장 이렇게 할 수는 없겠지만 '미토콘드리아 유전체 편집을 통한 대사조절기술'은 이처럼 동물이나 식물의 특성을 자유자재로 조절할 수 있는 새로운 방법으로 꼽힙니다. 그러니 최근 생명과학계에서는 '미토콘드리아'가 굉장히 주목받는 존재랍니다.

이번 소설에선 신품종 벼의 성질을 조절하기 위해 주인공이 '나중에 미토콘드리아를 써서 문제를 해결하겠다'는 이야기를 하는 것을 볼 수 있죠. 사실 가까운 미래에는 동물보다는 식물의 물질대사를 조절하는 것이 더 많은 기대를 얻고 있습니다. 우선은 농작물의 생산성을 증대시키는 기술, 급격한 환경 변화에도 잘 견디는 작물의 개발 등이 가능해질 것 같습니다. 조금 더 나아가면 축산업, 또 더 나아가 우리의 건강 역시 지킬 수 있는 첨단 기술이 될 가능성이 아주 높답니다.

 알아 두면 좋은 핵심 요약

+ 인체의 기능을 조정하는 핵심 기능은 무엇보다 '유전자'입니다만, 미토콘드리아 역시 대단히 중요한 역할을 맡고 있습니다.
+ 미토콘드리아는 어머니로부터 받습니다. 모계유전이라고 하지요.
+ 최근 미토콘드리아 자체가 가지고 있는 유전체를 편집하는 기술을 연구 중입니다. 이 기술이 완성된다면 사람을 포함해 다양한 동물의 생체 현상을 해결할 수 있을 것으로 보입니다.

그와 그녀의 거리(2040년)

"김수민 박사 거기서 뭐 해? 당장 이리 못 와? 당신 진짜 일 이렇게 할 거야?"

국가생명정보기술원의 중고참 연구자인 최영일 박사는 새내기 연구원 김수민의 담당 멘토, 이른바 '사수'를 맡고 있었다. 출근한 지 얼마 안 된 연구자를 돕고, 잘 안착할 수 있도록 여러 가지를 알려 주기 위해 경험 많은 연구자와 파트너로 일을 하는 제도다.

수민이 출근한 지 벌써 몇 달이 되어가고 있었다. 그리고 최 박사는 틈만 나면 목에 핏대를 세워 가며 수민에게 화를 내고는 했다. 2040년대에 사회생활을 하는 사람으로 보기엔 이해하기 어려운 행동이었다. 하지만 최 박사는 2010~2020년대, 국내 대학에 적잖은 연공서열 문제가 남아 있던 시기에 소위 '태움'을 당해 가며 연구실 생활을 했던 예전의 모습이 여전히 성격에 남아 있는 사람이었다.

사회가 변화하면서 직장 생활의 인간관계는 과거와 크게 바뀌었다. 21세기 초기만 해도 후배가 자잘한 일을 도우면서 선배의 굵직한 노하우를 전수받는 일이 많았기에 자연스럽게 상하관계가 생겨났다. 하지만 최근엔 이런 '교환의 법칙'을 적용하기 어려웠다. 인공지능이 발전하면서 막상 후배들이 선배를 도울 수 있는 잡일은 대부분 사라졌다. 대다수의 업종에선 후배들도 굳이 선배가 필요치 않았다. 정해진 매뉴얼에 따라 일을 하고, 문제가 생기면 관리자와 상담을 통해 해결하는 편이 빨랐다. 필요하면 기업이나 공공기관에서 제공하는 재교육 프로그램도 있었다. 선후배 사이에 서로 주고받을 것이 적으니 상하관계도 자연스럽게 약해져 갔다.

그러나 이공계 실험실은 이야기가 달랐다. 후배들은 여전히 선배가 필요했다. 미지의 영역에서 창의적 연구 활동을 하는 데 필요한 경험에서 오는 노하우만큼은 인공지능이나 매뉴얼을 통해 배울 수 있는 것이 아니었기 때문이다.

그러나 선배들은 후배를 받는 것을 매우 귀찮게 여겼다. 과거에는 후배들이 잡일을 도우며 일을 배웠기에 다소의 필요가 있었지만, 이제는 인공지능과 로봇에게 시키는 편이 훨씬 더 편했다. 선배 입장에서 후배란, 그저 교육 의무만 생겨나는 귀찮은 존재였다. 그러니 이공계 실험실에서만큼은 여전히 눈에 보이지 않는 상하관계가 존재했고, 선배 연구자가 거친 언성으로 화를 내는 것을 보는 것이 그리 어려운 일도 아니었다.

문제는 최 박사가 그런 사람 중에서도 비교적 정도가 심한 사람이라는 데 있었다. 그는 상사에게는 매우 깍듯했다. 자신의 의견과 다른 부분이 있어도 일단 상사의 의견을 수긍하고 따르는 성격이었다. 그는 이 엄격한 기준을 자신의 후배에게도 그대로 적용했다. 조금이라도 경우에 맞지 않는 행동을 한다고 여겨지면 한 번도 그냥 넘어가는 법이 없었다. 이런 그의 성격은 구성원 모두가 자연스럽게 의견을 개진하고 합의를 통해 의사를 결정하는 데 익숙한 수민의 생각과 정면으로 대치되는 것이었다.

"김수민 씨. 이번에 들여온 시료를 초저온 전자현미경Cryo-EM으로 분석해 보자고 했지요. 자꾸 여러 가지 반대 의견을 내놓던데, 알았으니까 일단 분석은 해 놓으시라고 했고. 기억나요?"

"예……."

"그런데 왜 아직도 안 돼 있나요?"

"저. 그런데요, 제 생각엔 이 시료는 그보다 다른 방법으로……."

"휴. 왜 그렇게 '그런데요'가 많아요. 일단 해 보고 안 되면 그 상황을 보고하면 되잖아요. 그게 그렇게 어려워?"

"그게 아니라, 굳이 이렇게 하는 이유가 잘 이해되질 않아서요."

"뭘 하자는 건지 모르겠군. 지시한 일을 하지 않는 것은 업무 불이행에 해당해요."

"왜 그렇게까지 극단적으로 말씀하세요. 저는 제 의견을 반영해서 결정하자는 뜻으로……."

"하하. 이 친구 생각 자체가 잘못돼 있네. 당신이 뭔데?"

최 박사가 어이가 없다는 표정으로 강하게 물었다.

"예? 그게 무슨……."

"수민 씨가 이 연구 프로젝트 책임자야? 스스로 결정권이 있다고 생각하는 거야?"

"……."

"됐어요. 하기 싫으면 자기 자리에 앉아 있다가 집에 돌아가세요. 내가 할 테니까. 어이. 제니스, 3번 Cryo-EM으로 DX4312번 시료 분석할 거야. 준비 좀 해 줘."

최 박사는 스마트 안경을 고쳐 쓰면서 수민이 들으라는 듯이 큰 소리로 말했다. 제니스는 연구실에서 관리 목적으로 사용하는 인공지능 컴퓨터의 이름이다. 곧이어 낭랑한 목소리가 최 박사 책상에 붙어 있는 스피커에서 흘러나왔다.

"최.영.일. 책임연구원님. 음성 확인했습니다. 시료번호 D.X.4.3.1.2. 진행자는 김.수.민. 연구원으로 지정돼 있습니다. 이대로 준비할까요?"

"실험자를 나로 바꿔 줘. 김수민은 진행자 목록에서 빼 줘."

지시를 들은 인공지능은 일을 척척 준비하기 시작했다.

"알겠습니다. 최.영.일. 책임연구원님 진행 하에 실험. 자동화 준비 과정 시작. 고진공챔버를 가동합니다. 시료 동결상태가 양호한 것을 확인했습니다. 이 실험은 연구자가 수동으로 제어해야 하니 30분 내에 장비실로 이동 바랍니다. 김.수.민. 연구원님은 앞으로 이 시료에 대해 단독으로 실험할 수 없습니다."

실험 준비를 하는 최 박사를 뒤로하고, 수민은 불쾌한 기분을 곱씹으며 자기 자리로 쫓겨나듯 돌아가 앉을 수밖에 없었다. 최 박사는 최 박사대로 기분이 언짢았다. 그는 그날 수민에게 더 이상 어떤 지시나 조언도 하지 않았다. 그는 조직에 소속된 사람이라면 맡은 업무는 일단 진행해야 한다고 생각했다. 그 지시를 개인적인 판단으로 거스르는 건 이해할 수 없는 큰 잘못을 저지른 거였다. 적어도 최 박사 생각에는.

수민의 기분 역시 여간 불편한 것이 아니었다. 무시를 당했다는 기분이 들어 화가 났고, 한편으로 서러운 기분도 들었다. 머릿속엔 별의별 생각이 다 솟아나기 시작했다.

'아니, 내가 경력이 부족해서 믿을 수가 없나? 그렇다고 해도 어떻게 이렇게 하지? 부족한 건 사실이지만 나도 박사까지 공부했는데, 왜 내 의견은 들어 볼 생각도 안 하는 거지? 말투는 저게 또 뭐야? 이 연구실엔 인권이란 게 없는 건가?'

저녁 퇴근 시간 조금 전, 수민은 연구단 단장실을 찾아갔다. 부당한 대우를 받았다고 느낀 수민은 이 문제를 해결해야 한다고 여겼다. 강현 단장은 막무가내로 단장실로 찾아오겠다고 보내온 수민의 메시지를 보며 뒤통수를 긁적이고 있었다. "이 친구는 이틀을 조용하게 못 있네."

잠시 후 수민이 단장실 문을 열고 들어섰다.

"거기 앉으세요. 오늘은 또 어떤 일인가요?"

수민은 자신이 억울한 일을 당했다고 생각했는지 하소연을 늘어놓기 시작했다. 자신은 일을 잘 해 보려고 했다는 점, 자신의 의견이 일방적으로 묵살 당했다는 사실을 토로했다. 또 조금이라도 관계가 있어 보이면 모든 생체물질 시료를 Cryo-EM으로 분석하라고 시키는 건 시료의 급속 동결 등 복잡한 준비를 해야 하기 때문에 비효율적인 작업이라고 느꼈다고도 이야기했다. 수민의 이야기를 듣고 있던 현은 다소 현기증이 느껴졌다. 이 친구를 어떻게 해야 좋을지 고민이 들었기 때문이다.

"수민 씨."

현은 일부러 조금 강한 어조로 말했다.

"예."

"우리 연구소가 진행 중인 큰 프로젝트 중 하나로 'Cryo-EM 영상 이미지 고도화 사업'이라는 것이 있습니다. 알고 있나요?"

"처음 듣습니다."

"Cryo-EM 영상은 사실 명암이 또렷하지 않고, 잡음도 많아 그렇게 해상도가 좋다고 할 수 없습니다. 하지만 이 기술은 20여 년 전부터 주목 받기 시작해 지금은 '생명체 입체 구조 분석의 혁신'이라고까지 불리고 있지요. 왜 그런지 알고 있나요?"

"예. 동일 시료 영상을 다수 획득해서 신호를 평균화하는 기술 덕분에…… 아, 설마……."

수민이 뭔지 알겠다는 목소리로 말하자 현이 말을 이었다.

"그래요. 인공지능기술이 보편화된 건 오래전이지만 실험실까지 도입 되기 시작한 건 불과 십수 년 전이에요. 우리 연구소에선 앞으로 Cryo-EM으로 촬영하는 모든 영상의 질을 인공지능을 이용해 큰 폭으로 끌어 올리는 기술을 개발 중입니다. 인공지능에서 가장 중요한 건 뭐죠?"

"데이터의 축적…… 아. 나 어떻게 해."

수민은 얼굴을 감싸 쥐었다.

"수민 씨 이야기는 옳은 부분이 있어요. 목표 성과만 내려면 지금 이야 기 한 시료들을 일부러 Cryo-EM에 넣을 필요는 없어요. 다른 편한 방법 도 많겠지요. 하지만 최 박사는 번거롭더라도 그걸 모두 분석해 연구소가 가용할 수 있는 데이터를 늘리려고 했습니다. 나는 최 박사가 열심히 일 하는 아주 착실한 사람이라는 생각이 드는데, 제가 틀렸나요?"

"단장님이 옳습니다."

하지만 수민은 지지 않으려는 듯 다시 연이어 묻기 시작했다.

"하지만 이런 일을 저에게는 알려 주지 않고 일방적인 지시만 한 최영일 박사의 잘못이 없다고 생각하긴 어렵습니다. 신입이라고 이렇게 무시를 당한다는 건 문제가 있다고 생각합니다."

"그건 업무가 아니라 두 사람의 감정적 문제 아닌가요. 나에게 들고 올 필요는 없어 보이는데. 그렇게까지 이야기한다면 제가 두 사람 중에 누구를 더 신뢰할 것 같은가요."

"……."

"마음이 상했다. 기분이 나빴다. 그런 감정은, 한 발 떨어져서 생각해 보면 '내가 왜 그런 시답잖은 걸로 난리를 쳤지' 싶은 것들이 대부분입니다. 일하는 데 그런 감정을 가지고 들어가지 않았으면 좋겠어요."

"예……."

"최 박사의 말투나 행동이 오해가 생기기 쉽다는 건 알고 있어요. 최 박사랑 이야기하다 보면 나도 가끔 학교 선생님이랑 이야기하는 기분이 들 때가 있으니까."

현은 다시 뒤통수를 긁으면서 연이어 말했다.

"그래도 믿고 따라 주세요. 어느 것 하나 수민 씨 안 좋게 할 사람은 아니에요."

"알겠습니다."

수민은 현과 이야기를 나눈 후 '최 박사와 화해를 해야겠다'고 생각하며 자기 자리로 돌아갔다. 잠시 시간이 지났을까. 함께 퇴근하자며 그의 부인이자 데이터팀장인 권하선 박사가 단장실로 찾아왔다. 주섬주섬 몇 가지를 챙겨 들며 현은 크게 한숨을 쉬었다.

"왜 그래요. 큰 고민이나 있는 사람 마냥. 수민 씨 일 때문에 그래요?"

"신입이 속을 안 썩일 리가 있어. 어디나 다 그렇지."

현이 작은 가방을 어깨에 메면서 말했다.

"내가 보기엔 최 박사랑 같이 있으면 자꾸 부딪혀서 더 시끄러운 것 같던데, 오늘도 연구실 떠나가라 싸우고 했다고요."

"알고 있어. 그래도 지금은 둘을 붙여 놔야 해. 나중에 다시 떼면 서로에게 좋은 일이 있을 거야. 지금 다소 시끄러운 일이 생기는 건 감당해야지 뭐."

현은 여전히 뒤통수를 긁적이면서 말했다.

세포 속을 들여다보며 생물 분자를 살피다

'현미경'이 뭔지는 누구나 알고 계시지요. 현미경이라는 건 렌즈를 이용해 빛을 굴절시켜 물체를 크게 만들어 살펴보는 장치입니다. 하지만 이렇게 확대해서 보는 방법에는 한계가 있습니다. 보통 수십~수백 배 정도이고, 특별하게 만든 고성능 현미경도 천 배를 넘기 어렵습니다. 이 이상으로 크게 확대할 경우, 빛(가시광선)의 파장을 넘어섭니다. 즉 빛을 통해 볼 수 있는 분해능(미세한 크기를 구분해서 볼 수 있는 능력)을 넘어서기 때문에 화질이 급격하게 떨어지기 시작하죠.

그렇다면 그보다 더 정밀하게 세포 속을 볼 방법은 없을까요? 있습니다. '전자현미경'을 사용하면 됩니다. 전자현미경은 빛이 아니라, 진공 상태에서 전자의 움직임을 파악해 시료를 살펴봅니다. 빛 대신 전자를 쓰는 셈입니다. 다만 전자는 유리를 통과할 수 없으니 유리 렌즈를 쓰지 않고, 대신 '전자 렌즈'라는 것을 사용합니다. 강력한 전자석을 이용해 만든 자기장으로 전자를 휘게 만들어 렌즈와 같은 효과를 얻는 것이지요. 전자현미경은 생명과학 발전에 지대한 영향을 미쳤습니다. 바이러스의 존재가 알려진 것도 전자현미경 덕분이라고 할 수 있습니다.

최근 생명과학계에서 '미래에 주목받을 첨단 전자현미경'으로 꼽히는 종류로 'Cryo-EM'이 꼽힙니다. 한글로 굳이 적어보면 '크리오-이엠'이 될 것 같습니다. cryo가 초저온이라는 뜻이고 EM이 전자현미경이라는 뜻이니, 말 그대로 초저온 전자현미경이라는 뜻입니다. 종류별로 조금씩 차이가 있지만, 어떤 종류는 섭씨 영하 196도까지 온도를 낮출 수 있습니다.

전자현미경의 종류도 대단히 많은데 특히 이 'Cryo-EM'이 최근 각광을 받는 건 생명과학연구에 대단히 적합하기 때문입니다. 이 현미경을 이용해 생명체 속 미세한 분자 구조나 단백질 구조를 상세하게 볼 수 있는 기술을 개발한 사람은 2017년에 노벨화학상을 받기도 했습니다.

소설 속에선 2040년이 됐는데도 여전히 Cryo-EM으로 실험을 하는 장면이 나옵니다. 전자 자체의 분해능을 넘어서기 어려우니 인공지능 분석기술을 적용해 시료를 더 또렷하게 보기 위해 노력하는 연구자와, 그것을 이해하지 못한 주인공이 갈등을 겪는 장면을 그려 보았습니다. 이 정도를 2040년까지 기다려야 할까도 생각해 보았는데, 광학 분야 발전은 의외로 더딘 편입니다. 초대형 전자현미경 한 대는 수십억 원을 호가하고, 한번 설치하면 수십 년 동안 사용하는 경우도 많습니다. 2040년이 되어도 더 뛰어난 전자현미경을 만들려는 노력은 아마 계속되지 않을까 싶습니다.

알아 두면 좋은 핵심 요약

+ '전자'는 물질 밖으로 튀어 나가거나 이동할 수 있습니다. 전자가 이동하면서 만드는 에너지를 '전기'라고 합니다.
+ '전자현미경'은 전자를 빛 대신 이용해 아주 작은 것도 볼 수 있게 만든 특수 현미경입니다.
+ 이 중에 초저온, 즉 영하 수십~수백 도 환경에서 사용하는 전자현미경을 Cryo-EM이라고 부른답니다.

PART 2

바이오,
우리의 건강을 책임지다

Chapter 3

바이오가 만드는 건강한 삶

최근 다양한 생명과학기술이 첨단 산업과 즉시 연결되는 일이 점점 늘어나고 있습니다. 하지만 사실 생명과학, 즉 바이오 분야 연구 성과의 종국적 목표는 '건강'인 경우가 많습니다. 아주 소수의 특이한 사람들만 빼면 건강은 삶에 있어 대부분의 사람이 원하는 중요한 요소가 아닐까 싶습니다. 미래에 주목받을 '건강'과 관련된 첨단 생명과학 기술은 어떤 것들이 있을까요?

중동전쟁(2035년)

"자네, 사우디아라비아 좀 다녀오지 않겠나?"

국가생명정보기술원 산하 기술지원단 소속 강현 연구원은 단장인 나형욱 박사의 난데없는 지시에 어안이 벙벙해졌다. 강 단장은 현의 직속 상사였다. 연구소 내에서 누구보다 바쁜 일정을 소화하고 있다는 것을 잘 알고 있었다. 그런 그를 중동까지 출장을 보내려 하다니. 물론 현도 나 단장의 뜻은 어렴풋이 짐작이 갔다. 하지만 이렇게 갑작스럽게 지시가 내려올 줄은 몰랐기에 적잖게 당황스러웠다.

"예. 아니 그 먼 곳을 지금 갑자기 왜요? 설마 저보고 '신종 메르스(중동급성호흡기증후군) 35'를 해결하고 오라는 말씀은 아니죠?"

"맞아. 자네 말고는 해결할 만한 사람이 없어서 그래."

최근 중동에선 메르스로 골머리를 앓고 있었다. 2000년대 초반부터 기승을 떨쳤던 메르스는 방역이 효과를 거두며 문명국에선 급속도로 사라지고 있었고, 2020년대 초반 전 지구를 강타했던 코로나19 역시 이제는 일반 독감처럼 취급받고 있었다.

그러나 최근 중동에선 사라졌다 생각했던 '신종 메르스'로 골머리를 앓고 있었다. 발생 직후 방역이 효과를 거두며 이전과 같이 문명국에선 급속도로 사그라들고 있었지만, 치사율이 더 높은 변종, 이른바 '신종 메르스 35'가 등장하면서 상황은 극도로 안 좋아져 갔다. 이 역시 백신이 빠르게 등장했지만 의료 서비스를 받기 어려운 개도국에선 백신의 효과도 기대하기 어려웠다. 한번 유행하기 시작하면 사망자 숫자를 헤아리기 힘든 경우도 많았다.

"아니, 저는 바이러스 전문도 아니지 않습니까. 하고 많은 연구원 중에 하필 왜 제가?"

"동물이건 식물이건 유전자 설계는 자네가 특기잖아. 현지에서 국제 공동연구진을 꾸리는 모양이던데 아예 자네를 지목해서 파견 요청이 들어왔어."

"아…….. 그것 때문이군요."

현은 뭔가 짐작이 간다는 듯이 강경하게 항변하던 말투를 누그러뜨렸다. 나 단장의 말을 듣고 보니 현도 자신이 가는 것이 가장 일 처리가 빠를 거라는 생각이 들었다.

백신이 개발돼 있다고는 하지만 의료시스템이 낙후된 후진국에선 이런 약품을 주사로 맞는 건 상당히 어려운 일이었다. 백신의 생산에 시간이 걸리는 것도 문제였고, 개발된 백신의 유통기한도 그리 긴 편이 아니었다. 억지로 약품을 끌어 모아 공급해도 문제는 사라지지 않았다. 개도 국에선 주사를 놓을 줄 아는 의료 인력도 찾기 어려운 경우가 많았기 때문이다. 물론 먹는 약을 개발하면 모든 문제를 해결할 수 있었지만, 바이러스 백신을 먹는 약으로 만드는 건 그리 쉽지 않은 일이다. 그 결과 최근 수년 사이 실용화된 방법 한 가지가 주목받기 시작했다. 백신 성분을 가진 농작물을 개발하는 것이다.

"백신 맞고 며칠 내로 출발해. 현지에선 지금도 사람이 죽어 나가고 있다는데 우리만 바쁘다고 참여 안 할 수도 없지 않은가. 다른 일정은 내가 어떻게든 조정할 테니까."

"휴. 알겠습니다."

"다른 것 필요한 건 없어? 권하선 씨 같이 보내 줄까?"

"예. 컴퓨터시스템으로 데이터 처리하려면 하선 씨가 꼭……. 아, 아닙니다. 다른 도움은 현지에서 받지요. 뭐."

현은 뭔가 생각났다는 듯 굳이 혼자서 가길 자청했다.

사흘 후, 현은 작은 가방 하나만을 들고 사우디아라비아 수도 리야드 인근에 꾸려진 간이 실험실에 도착했다. 사막 기후가 숨통을 조이는 메마른 곳이었다. 연구실 건물도 곧 무너질 것 같이 허름했다. 그러나 연구 기자재만큼은 세계 각국에서 실어 온 첨단 장비로 갖춰져 있었다.

현의 임무는 신종 메르스 35 백신 성분을 가진 '형질전환 식물'을 개발하는 일이다. 이론적으로는 이런 식물을 길러 음식처럼 먹기만 해도 예방 효과를 얻을 수 있다. 그러나 이런 식물 자체를 식품으로 공급하면 약물

성분의 복용량과 시간을 지키기 어렵고 부작용의 통제가 어려워진다. 그러니 이런 식물에서 다시 필요한 성분만을 추출해 알약으로 만들어 유통하는 방법이 주로 쓰였다. 이미 B형 간염, 설사병의 일종인 LTV 등을 예방하는 '먹는 백신'은 2020년대에 개발이 끝나 유통되고 있었다.

"你好。您是中国团队的成员吗?(안녕하세요. 중국 연구팀 분이시죠?)"

"아 안녕하세요. 유명하신 분을 다 뵙게 되네요. 제가 출장 오길 잘 했군요."

국제 공동연구팀에 합류하게 된 현은 중국 연구팀 소속 과학자에게 말을 걸었다. 어설픈 중국어로 인사를 해 보았다가 갑작스레 유창한 한국말로 대답을 듣고 깜짝 놀라 대답했다.

"아. 한국 분인 줄 몰랐습니다. 한 씨는 중국에서도 쓰기에 그만……."

"별말씀을요. 중국팀으로 왔으니 당연하지요. 저는 중국에서 학교를 졸업하고 현지 기업에 바로 취직했어요. 한휘경이라고 불러주세요. 중국어로는 '후이징'이라고 씁니다만."

"다른 게 아니라, 실험결과를 데이터로 바꿔서 시뮬레이션 처리를 해 줄 분을 찾고 있는데 다들 닥터 한을 찾으라고 해서요."

"안 그래도 강 박사님이랑 함께 일을 하게 될 거라고 들었습니다. 저는 본래 화장품 회사에서 일했어요. 바르는 화장품을 먹는 약으로 개발하는 일을 주로 하고 있었습니다. 그 과정에서 분자량 변화에 따른 효과 차이를 알아보기 위한 시뮬레이션 업무를 자주 했었어요. 저라도 도움이 되시면……."

"우리가 최종적으로 해야 하는 일이 먹는 약을 만드는 거니까요. 중국 연구진이 박사님을 이곳까지 모시고 온 이유를 알겠군요."

공동의 목표를 가진 두 사람은 쉽게 의기투합했다. 현이 새로운 유전자 구조를 설계해 넘기면, 한 박사는 그 설계를 바탕으로 시뮬레이션 프로그램에 넣고 가상 실험을 했다. 두 사람은 이렇게 며칠 사이에 가장 효과가 높을 것 같은 식물의 DNA 구조를 몇 가지 뽑아내는 데 성공했다. 그야말로 순식간에 이뤄진 일이었다.

현이 중동 사막에서 활약하고 있을 무렵, 하선은 갑자기 '나 출장 좀 다녀올게'라는 짧은 통화만 남기고 간 현에게 화가 잔뜩 나 있었다. 무슨 일인지는 나 단장에게 전해 들었지만 굳이 자기랑 같이 갈 기회까지 마다

하고 혼자 떠나 버린 현이 이해가 가지 않았다.

"뭐야. 이 남자."

하선은 출국한다는 현의 전화를 끊고 혼자 몇 번이나 그렇게 중얼거렸었다.

그 시간 중동. 밤 11시가 가까워질 무렵인데도 현과 휘경 두 사람은 밤 늦도록 연구실에 앉아 있었다. 연구 기간이 하루라도 줄어들면 그사이 몇 사람이 더 목숨을 구할 수 있을지 모르는 일이라 두 사람은 매일같이 분주하게 연구에 매진했다.

"자. 이제 남은 문제는 이 DNA 구조를 가진 식물을 만드는 일인데요. 이곳 중동 땅에서도 대량 생산할 수 있는 식물 중에 가능한 것이 있을지 봐야 해요. 몇 가지 살펴봤는데 과일류가 적당해 보이긴 해요. 바나나나 포도, 아 올리브도 가능하려나."

"아. 올리브 먼저 해 보면 어때요? 유효성분을 기름으로도 쉽게 뽑아낼 수 있을지 몰라요. 성공하면 금방 알약으로도 만들 수 있을 텐데."

휘경이 기뻐하며 말했다.

"좋네요. 그럼 저쪽은 퇴근 시간이 거의 다 되어가니 제가 지금 바로 한국 연구팀에게 연락을 넣어 보겠습니다. 이건 식물 전체의 유전자를 다 확인해야 해서 저쪽 슈퍼컴퓨터로 시뮬레이션 작업을 해 달라고 부탁하면 일이 빠를 거예요. 아. 하선이 잘 있으려나."

현은 문득 연인이자 직장 동료인 권하선 연구원이 생각나 중얼거렸다.

그리고 현은 쓰고 있던 스마트 안경의 스위치를 누르고 하선에게 전화를 걸었다. 영상 통화로 본 하선은 도끼눈을 뜨고 현을 노려보고 있었다.

"뭐예요? 무슨 일인데요?"

"아니. 여기서 실험을 하다가 시뮬레이션할 것이 있어서 그러는데, 국제연구진도 여기 슈퍼컴퓨터까지 가지고 오진 않았거든. DNA 설계도를 보내 줄 테니까 올리브에 적용할 수 있는지 확인을 좀……."

"이봐요. 지금 그 전에 나한테 할 말 있지 않아요?"

"응?"

현은 아차 싶었다. 조급한 마음에 이곳까지 혼자 오고 하선에게 제대로 된 설명도 하지 않았다는 사실, 그리고 그녀에게 연락하지 않은 것이 일주일이 훌쩍 더 지났다는 사실이 생각났다.

"저기. 여긴 메르스 위험지역이잖아. 위험한데 굳이 자기까지 올 필요는 없겠다 싶어서……."

"나한테만 위험하고 자기는 안 위험해요? 왜 그래요 도대체!"

하선은 결국 소리를 질렀다.

현은 쩔쩔매며 통화를 마치고는 뒤통수를 긁적거리며 하선에게 보낼 이메일을 입력하기 시작했다. 그런 두 사람의 통화를 옆에서 지켜보던 휘경은 짐짓 말을 걸었다.

"권하선 박사님이세요?"

"아 하선 씨를 아십니까."

"강 박사님이 발표한 논문에는 반드시 그분 이름이 있었어요. 누구신지 궁금했습니다."

"제 가장 소중한 동료입니다. 제가 그동안 냈던 성과는 모두 하선 씨 덕분이에요. 이번에 한 박사님이 맡아 주셨던 일을 한국에서는 대부분 하선 씨가 해 주곤 했어요."

하선에게 잔뜩 혼이 났는데도 여전히 싱글거리며 이메일을 쓰고 있는 현을 바라보며 휘경은 자기도 모르게 입술을 곱씹고 있었다. 그런 휘경에게 현은 다시 말을 걸었다.

"이번 일이 끝나면 한국에 들러주십시오. 꼭 하선 씨랑 같이 뵙고 싶습니다. 두 분이 비슷한 일을 하시니 알고 지내셨으면 좋겠……. 응? 표정이 왜 그러세요?"

"아니에요. 권 박사님이 무척 고생이 많으시겠다 싶어서요."

휘경은 한숨을 내쉬며 말했다.

건강한 삶을 지키는 가장 간편한 방법

코로나19 이후 감염병에 대한 관심이 높아졌습니다. 감염병을 예방하는 방법은 이 책의 마지막 장에서 별도로 다룰 생각입니다만, 이번 단락에서는 '백신을 포함해 모든 약을 음식으로 먹을 수 있는 기술'에 대해 잠시 언급하고 넘어갈까 합니다.

우리가 '단백질'이라고 하면 주로 고기나 생선 등을 떠올리지만, 식물도 단백질을 생성합니다. 콩 등이 대표적이고 사실 밀이나 쌀에도 단백질이 들어 있답니다. 그리고 이렇게 식물이 만드는 단백질의 성분을 미묘하게 조절할 수 있다면 영양소뿐 아니라 다양한 약물 성분도 얻을 수 있습니다. 즉 식물이 대사 과정에서 생성하는 여러 성분을 바탕으로 다양한 치료 및 예방 물질을 대부분 만들 수 있게 되지요. 백신의 기본 물질(항원)은 물론이고 그간 난치병으로 불리던 수많은 질병을 치료할 성분도 얻을 수 있게 됩니다.

이는 분자생물학 등 생명공학 분야의 총체적 발달로 가능해 졌습니다. 더구나 각종 질병의 원인이 되는 수많은 조절단백질의 기능과 역할이 밝혀지고 있고 이를 이용해서 신약을 개발 하려는 노력이 계속되고 있는데, 이런 것들을 식물에서 얻어내 도록 만들 수 있는 겁니다. 유전자를 편집해 개발한 특수한 종의 식물을 길러낸 다음, 이 식물에서 유효성분을 추출해서 약을 만들게 되지요. 예를 들어, 인슐린 성분이 들어 있는 과일을 만드는 것도 가능합니다. 보통 인슐린은 주사로 맞지만 마음만 먹으면 위를 통과해 장에서 흡수되도록 만드는 조치도 가능해 질 것으로 보고 있습니다. 그렇게 되면 당분이 아주 높은 음식을 먹어 혈당 수치가 좋지 않다고 여겨지면 복잡하게 주사로 맞지 않고 알약으로 먹기만 해도 혈당이 조절되겠지요.

요즘엔 이 기술을 백신으로 만드는 데 기대가 많은 것 같습니다. 식물을 길러서 그 안에서 백신 성분을 얻어낸 다음 그것을 정제해 백신으로 만들어 공급하는 식인데, 식물에서 백신을 얻으니 '그린 백신'이라고 부르는 경우가 많습니다.

사실 2022년 현재 이 기술로 코로나19 백신을 개발하고 있는 곳도 있습니다. 우리나라 포스텍 연구진 및 국립보건연구원 등이 국내 기업들과 함께 식물 기반 단백질 재조합 백신 개발 도전에 나서고 있다는 소식을 본 적이 있습니다. 사용할 식물은 담배의 사촌뻘인 야생 식물 '니코티아나 벤타미아나'라고 하더군요. 캐나다에서도 비슷한 연구를 한다는 이야기를 들은 듯합니다. 참, 재조합 백신이란 주로 대장균 등 세균의 유전자를 편집해 거기서 백신 성분을 얻는 기술입니다. 그린 백신 기술을 응용하면 이것을 식물에서 얻을 수 있습니다.

이 기술은 백신을 비롯해 다양한 의약품을 두루 얻을 수 있는 원천 기술입니다. 앞으로 얼마나 크게 성장할지, 그래서 우리 삶을 얼마나 바꿔 줄지 정말 기대가 되는 기술이기도 합니다. 농장에서 약을 얻는다니. 얼마나 많은 의약품을 얼마나 대량으로, 얼마나 간편하게 얻을 수 있을까요. 그 파급효과는 정말 헤아리기 어렵겠지요.

+ 식물의 유전자를 유전자가위 등으로 조정하면 원하는 구조의 단백질
  을 얻을 수 있습니다.
+ 이 방법을 잘 활용한다면 식물로부터 약품이나 백신 성분도 얻을 수
  있게 됩니다.
+ 이런 식물을 정제해 알약으로 만드는 방법이 연구되고 있습니다. 알약
  만 먹어도 백신 주사를 맞은 효과를 기대할 수 있게 되겠지요.

갑갑한 마음(2040년)

"알겠습니다. 예. 예."

국가생명정보기술원 소속 김수민 연구원은 최근 자포자기한 상태다. 잔뜩 주눅이 든 것이다. 누가 뭐라고 이야기해도 일단 알았다고 대답해 놓고, 주위 눈치를 보며 수동적으로 일을 처리했다. 최근 여러가지 문제를 일으켜 상사들의 시선이 좋지 않은 데다, 많은 일을 한 번에 처리하면서 크고 작은 사고를 치다 보니 주변의 보는 눈이 그리 곱지 않았다.

주눅이 든 수민은 급기야 생각을 포기하기 시작했다. 그저 '기계처럼 일만 하면 돼, 난 의견 같은 게 없는 거야'라고 하루에도 몇 번이고 중얼거리며 계속 자신을 억누르고 있었다.

그런 수민을 보고 "얌전해져서 좋다"거나 "겨우 철이 들어가는 것 같다"고 이야기하는 사람도 있었다. 하지만 연구 단장 강현 박사는 그런 수민을 보며 한숨이 한층 더 깊어졌다. 겨우 찾아낸 재능 있어 보이는 후배의 의욕이 꺾이는 것이 달갑지만은 않은 탓이다.

실무 연구자 때와는 다르게 현은 신경 써야 할 일들이 많았다. 혼자 자기 연구만 잘 하던 시절을 생각하면 단장이라는 자리는 그에게 한없이 부담스러운 것이었다. 빨리 누군가 이 답답한 단장직을 가지고 가 버려서 자신은 부인인 권하선 박사와 나란히 하고 싶은 연구만 하고 살면 원이 없겠다는 생각이 들 지경이었다.

현은 잠시 하던 일을 다 내려놓고, 홀로그램 디스플레이까지 전부 꺼 버린 채 멍하니 턱에 손을 괴고 앉아 있었다. 얼마나 그러고 있었을까. 때마침 화상 전화가 들어왔다. 현은 디스플레이를 켜 누군지 확인해 볼 생각도 않고 한 손으로 스마트 안경을 집어 얼굴에 쓰면서 답했다.

"응. 왜?"

"예? 오랜만에 전화드렸더니 너무하시네요. 인사 정도는 좀 해 주세요."

"아. 한 박사군. 미안해. 아내인 줄 알았어."

홀로그램 영상 통화가 일상이 되면서 생겨난 문화 중에 '사전 허가'라는 것이 있었다. 자고 있다가, 연인이나 부인과 함께 있다가 갑자기 다른 사람의 홀로그램 통화를 받는 것을 기뻐할 사람은 그리 많지 않았기 때문이다. 홀로그램 통화를 하려면 미리 메시지를 보내 시간을 정해야 했다. 그러나 가족이나 연인 등 특수한 관계에 있는 사람에게는 별도의 '직통 번호'를 알려 주곤 했다. 이때는 구형 음성 전화기처럼 누구나, 아무 때나 벨이 울리도록 할 수 있었다.

현의 직통 영상 통화 코드 역시 아는 사람이 거의 없었다. 하선을 비롯해

가족을 제외하면 그에게 개인 번호로 전화를 걸 수 있는 사람은 몇 사람 되지 않았다. 중국 의료유한공사 소속 한휘경 박사도 그중 한 명이었다.

"제가 전화할 때면 꼭 권 박사님이랑 착각하시네요?"

휘경은 생글거리면서 말했다.

"자꾸 그렇게 놀리면 코드 바꾸고 안 알려 준다."

현이 투덜거렸다.

현이 휘경과 알고 지낸 지도 몇 년째다. 여러 일을 함께 겪은 두 사람은 이제 스스럼없이 대화할 수 있을 정도로 사이가 좋아졌다.

"알았어요. 알았어. 하고 싶었던 말이 뭐냐 하면요, 우리 회사에서 화장품도 연구를 많이 하잖아요. 그런데 요즘 아시다시피 '세포 재생 화장품'이 세계적으로 인기거든요. 옛날처럼 보습만 하는 게 아니라, 실제로 재생 효과가 있어요."

"응응. 들어 봤어. 그런데 그건 왜 나한테?"

"이거 극비인데, 다른 데 이야기하면 절대 안 돼요. 사실 세포 재생 화장품들은 효과가 있는 사람도 있지만 없는 사람도 있거든요. 세포 노화 등이 원인이면 괜찮은데, 피부 속에 숨어 있는 세포 몇 개가 계속 문제를 일으킬 때면 칼을 대기도 뭐하고 주사를 놓기도 뭐하고 참 애매하거든요. 이 원인을 찾아내느라고 사실 고생했다고요. 인공지능으로도 안 나와서 제가 며칠 밤이고 뜬눈으로⋯⋯."

휘경은 한번 전화하면 현에게 자기가 열심히 했던 일을 속사포처럼 자랑하며 몇십 분이고 떠들고는 했다. 이날이라고 예외는 아니었다. 힘들어

진 현은 얼른 말을 자르며 말했다.

"아. 공간 오믹스 말하는 거군. 암이나 심장 세포 치료할 때 2030년부터 많이 쓰던 걸 미용 쪽에서 쓰겠다는 거지?"

"맞아요. 그걸로 약물이 정확한 위치로 추적해 들어가게 만들려는 거예요. 이번에 맞춤형 화장품으로 만들어서 VIP 고객용으로 판매하려고 해요. 그런데 그렇게 하려면 문제 세포의 위치를 정확하게 지정해 둘 필요가 있지 않겠어요."

"응. 지정은 할 수 있겠지만, 그 단계에서 화장품으로 뭘 할 수 있는 거야? 좀 이상해."

"이쪽은 의료랑 달라요. 위험한 질환을 일으키는 것도 아닌데 반드시 어떻게 치료할 필요까지는 없어요. 바르고 있는 동안은 그 특정 세포의 트러블을 막을 정도면 충분해요."

"참. 나도 이런 연구하고 있지만 세상 정말 좋아졌다."

"그렇죠? 그래서 부탁이 있는데요. 그⋯⋯."

"무슨 말을 하려는지 알겠는데, 내가 직접 하긴 힘들어. 나 단장이라고."

"아. 그럼 어떻게 해요. 유전자 전문가가 꼭 한 명 있으면 했는데."

"세포 속 유전자 확인하는 정도라면 할 수 있는 사람이 있기는 해."

"아. 정말요?"

"대신 나도 조건이 하나 있는데 말이야⋯⋯."

현은 뭔가 생각난 듯 살짝 웃으며 말했다.

******

[사령]

파견근무

명: 수습연구원 김수민

근무지: 중국

업무: 피부 속 단일세포 분석기술 국제협력연구 지원

기간: 프로젝트 종료 시까지(2개월 이상 예상)

시작일: X월 X일부터

******

'아니 이젠 날 쫓아내려고 하는 거야?'

다음 날 아침. 출근 후 연구단 공고 란에 내걸린 사령을 본 수민은 어이가 없어져 그 즉시 단장실로 뛰어 들어갔다. 그날따라 또 늦잠을 자고, 그래서 도보로 15분 거리를 5분 만에 뛰어온 수민의 이마는 땀으로 살짝 젖어 있었다. 단장실 문을 벼락같이 열어젖힌 수민은 숨을 헐떡이며 말을 속사포처럼 쏟아내기 시작했다.

"아니, 단장님 정말 왜 그러세요. 제가 그렇게 미우세요?"

"이건 또 무슨 소린지 모르겠군. 내가 김수민 박사를 왜 미워해."

아침 회의 준비를 하려고 홀로그램 화면을 넘기던 현이 시큰둥하게 대답했다.

"저한테 한마디라도 물어봐 주셨어요? 왜 이런 일을 제 의견은 전혀 듣지 않고 마음대로 결정하시는 건데요?"

화가 나서 떠드는 수민을 보고 현은 '이 친구가 조금은 기운을 차렸나?' 싶은 생각이 들었다.

"좋아. 일단 앉아요."

벽에 걸린 시계를 힐끔 살펴본 현은 곧 정수기에서 시원한 물을 한 잔 따라 손에 들고 원형 테이블 앞에 앉았다. 수민이 머뭇머뭇 뒤따라 자리에 앉자 손에 든 물 잔을 내밀면서 이야기를 하기 시작했다.

"수민 씨를 보면 종잡을 수가 없어요."

"예? 그게 무슨 뜻인가요?"

현에게 받은 물 잔의 절반을 한꺼번에 비워버리고선, 잔뜩 당겨 올라

갔던 목울대를 다시 펴며 조금 잠긴 목소리로 수민이 대답했다.

"종잡기가 어려워요. 무슨 생각을 하는지. 어떤 때는 엄청나게 부지런하고, 어떤 때는 원칙을 철저히 지키는데 어떤 때는 편리에 따라 마구 일을 처리하는 것 같고, 어떤 때는 매우 공손한데 어떤 때는 이래도 되나 싶은 일을 벌이고는 해요."

"……."

"왜 그런 것 같아요?"

"잘 모르겠습니다. 저는 하겠다고 하는데."

"제 생각엔 사회상규나 규정, 원활한 직장인의 태도 등을 잘 모르고 있는 것 같아요. 스스로 옳다고 생각하면 열심히 일하고, 이해가 가지 않으면 체념했다가, 반항했다가, 이해해보려고 했다가."

"……."

"개인적으로는 수민 씨에 대해 기대가 아주 커요. 중요한 분야를 공부한 적이 있고, 사고방식도 유연합니다. 가능하다면 제가 가지고 있는 모든 경험에 관해 이야기해 줄 수도 있습니다."

현은 국내 유전자 교정 및 설계 분야 일인자로 꼽혔다. 현을 모셔가기 위해 고액의 연봉과 막대한 연구비를 제시하며 줄을 서고 있는 타국 연구 기관의 숫자만 해도 손가락으로 다 헤아리기 어려울 정도였다. 그런 현이 신입 연구원을 데리고 이렇게까지 이야기하는 것은 정말로 파격적인 것이었다. 애초에 현의 양해가 없었다면, 수민이 단장실을 이렇게 수시로 박차고 들어오는 일조차 용납될 리 없었다. 하지만 이런 사회적 표

현에 익숙하지 않은 수민은 단장의 이런 말을 듣고도 이해가 가지 않아 어안이 벙벙할 뿐이었다.

"몇 년 전인가? 수민 씨랑 성격적으로도 비슷해 보였고, 한편으로는 제 속을 꽤 썩였던 친구를 만난 적이 있습니다. 중국에서 연구하지만, 한국 사람이고, 지금은 어엿한 연구팀장으로 성장해 국제 사회에서도 주목받는 멋진 연구자가 됐어요."

"예. 예."

"그 친구가 마침 유전자 분석 전문가의 도움이 필요하다고 하길래 제가 수민 씨를 추천한 겁니다. 서로에게 도움이 될 듯해서. 본래 몇 년 이상 경력이 쌓여 독자적으로 연구를 할 수 있는 친구가 아니면 이런 기회는 오지 않아요. 이 일이 마음에 들지 않으면 지금이라도 취소를 할 수 있는데, 어떻게 하겠어요?"

수민은 계속 답답했다. 뭔가 자신이 알지 못하는 곳에서 일이 벌어지고 있는 것 같은데 전혀 이해가 가지 않으니 머릿속이 혼란스럽기만 했다. 수민은 다시 현에게 물었다.

"저……. 말씀대로라면 굉장히 감사한 일인데요, 그럼 왜 이렇게까지 해 주시는 거예요? 저는 이제 출근한 지 몇 달 되지도 않는 일개 직원인데요."

여기까지 듣던 현은 작게 한숨을 쉬고 다시 이야기하기 시작했다.

"선배잖아요. 선배가 후배 돕는 데 무슨 이유가 필요한가."

"……."

"회의 늦겠습니다. 빨리 자리로 돌아가서 준비하세요. 내려가서 봅시다."

"네. 저기, 고맙습니다."

수민이 자기 자리로 돌아가자 현은 다시 한번 한숨을 쉬었다. 그리고는 뒤통수를 긁적거리며 혼자 작게 중얼거렸다.

"아무래도 실수하는 것 아니야 이거."

병든 세포 단 하나를 찾아낸다

조금 다른 이야기입니다만, 혹시 양전자방출단층촬영Positron Emission Tomography, PET이라는 것 들어 보셨나요. CT나 MRI와 같이, 사람의 몸속을 들여다보는 검진 장치입니다. 몸속에 있는 아주 작은 암 조직까지 찾아낼 수 있다고 해서 인기가 있지요. 이 장치는 방사선 중에서도 '양전자'라는 것을 이용하는데 양전자를 방출하는 방사성 동위원소를 결합한 의약품을 우선 몸속에 주사로 집어넣습니다. 그럼 이 약품이 몸 안에서 암과 같이 포도당 대사가 항진된 부위에 많이 모이게 됩니다. 그리고 전용 촬영 장치를 이용해 이를 추적하여 체내 분포를 알아보는 검사 방법입니다. 암 검사, 심장 질환, 뇌 질환 및 뇌 기능 평가를 위한 수용체 영상이나 대사 영상도 얻을 수 있습니다. 특히 아주 작은 암세포 조각까지 찾아낼 수 있다고 알려져 있습니다. 하지만 검사를 위해서 미리 방사성 물질을 몸에 주사로 맞아야 하는 등의 불편함이 있고 검사비도 대단히 비싸지요. 국내 한 대학병원 자료를 보니 부위별로 싼 것은 몇 십만 원, 비싼 것은 백만 원을 훌쩍 뛰어 넘습니다. 만약 여러 번 검사를 해야 한다면 대단히 많은 검사비를 내야 할 것 같습니다.

이렇게까지 애써 검사를 하는 건 당연히 암세포 조직을 찾아내기 위한 것입니다. 아무리 작은 암 조직이라도 무시할 수 없는 이유는 결국은 몸 전체로 퍼져나가기 때문입니다. 만약 이런 암 조직이 어디에 있는지를 찾아내지 못하면 임의로 항암제 등을 투입해 몸 전체를 대상으로 치료를 해야 하는데, 정확한 위치를 알 수 있다면 수술로 제거하거나 그 위치에만 강력한 항암제를 투입해 부작용을 최소로 줄인 치료를 할 수 있습니다.

몇 년 전부터 생명과학계에 큰 인기를 끌고 있는 분야로 '공간 오믹스 기반 단일세포 분석기술'이라는 것이 있습니다. 생체 기관이나 조직 내 개별 세포가 어디 있는지, 그 위치를 유지한 상태에서 생물학적 데이터를 확보하고 3차원적인 공간 정보를 파악하는 기술입니다. 말이 좀 복잡합니다만 결국 사람이나 동물의 조직 내에서 생겨나는 세포의 위치를 파악하고, 그 종류 및 특성 그리고 세포 간의 상호작용을 이해하기 위한 학문이라고 보면 될 것 같습니다.

만약 이런 기술이 보편화된다면 PET처럼 병든 조직의 위치가 아니라 세포 하나의 위치를 정확하게 확인할 수 있게 됩니다. 여러 질환을 유발하는 세포의 정확한 위치를 입체적으로 알 수 있게 되고 따라서 정확한 진단과 표적 치료가 가능해지겠지요.

공간 오믹스 기반 단일세포 분석기술은 2020년에 한 예측에서 5년 정도 후, 즉 2025년 필요한 기초 기술이 완성되고, 다시 5년 후인 2030년 정도면 이 기술에 기반을 둔 정밀 진단 및 치료 기술이 개발될 것이라고 보고 있습니다. 이 소설의 배경인 2040년이면 아마 완전히 보편화되겠지요.

소설 속에서 주인공 현의 친구인 휘경은 화장품 회사에 근무하며, 이 기술을 피부 미용에 적용하는 설정을 나타내 봤습니다. 사실 의학기술은 상당수가 미용으로 향하곤 하지요.

 알아 두면 좋은 핵심 요약

+ 오믹스란 ~체란 뜻입니다(예: 유전체, 대사체, 단백질체). 세포가 모여 있는 '조직'을 의미하지요.

+ 세포의 위치를 정확히 지정하려면 공간, 즉 3차원 분석기술이 필요합니다.

+ 즉 '공간 오믹스 기반 단일세포 분석기술'이란, 오믹스 속 세포 하나까지 입체적으로 분석하고 예측하는 기술이라고 이해할 수 있습니다.

혼자 할 수 있는 일(2040년)

갑작스럽게 중국 파견근무 지시를 받은 국가생명정보기술원 김수민 연구원. 그녀는 어느 날 오후 중국 상하이 푸둥 공항에 내렸다. 중국 의료 유한공사에서 파견근무를 하기로 했기 때문이다. 며칠 사이에 부리나케 짐을 싸 들고 온 탓에 짐은 굉장히 단출했다. 전자서류 한 묶음, 정보 단말기 하나, 얼굴에 쓴 스마트 안경 하나, 휴대용 키보드 하나, 그리고 당장 갈아입을 옷가지와 간단한 화장품 등이 전부였다.

그래도 괜찮았다. 같은 아시아 지역에선 한국에서 보낸 국제 택배를 하루 이틀이면 받을 수 있었으니까. 2020년, 그리고 2021년 두 해 동안 지구 전역을 휩쓸고 지나간 코로나19 팬데믹pandemic 이후, 전 세계 항공 물류시스템은 비약적으로 발전하기 시작했다. 2030년대 초까지 약 10여 년간은 세계적으로 '언택트Untact' 문화가 형성됐다. 사람들은 서로 직접 만나지 않는 대신 필요한 물건을 주고받으며 교류하곤 했고, 그 수요는 새로운 기술의 발명을 이끌어냈다. 다시 10여 년이 지난 지금은 이런 문제마저 사라져 결국 사람들의 생활은 과거와 크게 다르지 않았다. 그저 몇 가지 불편한 점만 빼면 말이다.

그 불편한 점 중 하나가 결국 푸둥 공항에서 수민의 발목을 잡았다. 그녀는 출입국 수속에 문제가 생겨 공항 내부를 몇 번이나 왕복해서 뛰어다녔다. 사전 준비를 소홀히 한 탓에 검역장에 온 다음에야 '최신 감염증 예방 내역과 진료 정보'를 전자 여권에 업데이트해 넣지 않았다는 사실을 기억해 냈다. 이는 대단히 예민한 개인정보여서 본인과 의료기관이 동시에 승인하지 않으면 자동 업데이트가 되지 않는다는 사실을 그녀는 알지 못했다.

결국 수민은 상하이에 도착한 지 서너 시간 만에 공항을 빠져나오는 데 성공했다. 겨우 자율주행 택시를 잡아타고 한휘경 팀장이 일하고 있는 '의료유한공사 상하이 연구소'로 달려가기 시작한 다음에야 그녀는 뒷좌석 의자에 등을 파묻으며 한숨을 내 쉴 수 있었다.

"하. 공항에 국제 의료연결시스템이 있어서 다행이지 꼼짝없이 돌아갈 뻔했네. 도대체 난 왜 이리 덜렁거리는 거지."

수민이 자기 머리를 쥐어박으며 중얼거렸다. 그리고 수민은 잠시 후 주섬주섬 전화번호를 확인해 걸기 시작했다. 중국 의료유한공사 한휘경 팀장에게 연락을 해야 했기 때문이다. 이미 퇴근시간이 코앞이라 내일 연구소에 갈 수 있다는 이야기였다. 공항에서 시간을 지체한 그녀는 결국 중국 근무 첫날부터 결근한 것과 다름이 없었다.

그날 밤 수민은 연구소 앞 호텔에서 잠을 잤고, 다음 날 아침이 되어서
야 연구소에 들어섰다. 연구소는 깨끗하고 기능적으로 설계돼 있었고, 건
물이나 집기도 모두 새것이었다. 연구진들은 중국인들이 다수였지만 의
외로 여러 나라 사람이 모여 있었고 분위기도 밝았다. 하지만 도착 첫날
부터 사고를 친 격이라 수민은 잔뜩 얼어 있었다. 그녀가 조금 주눅이 들
어 있다는 걸 눈치 챈 휘경은 만나자마자 너스레를 떨기 시작했다.

"어유. 공항에서 고생하셨다면서요. 어제는 잘 잤나요?"

"아. 엄청 미인이시네요. 놀랐습니다."

휘경을 처음 본 수민은 예의가 아니라는 것도 잊고 자기도 모르게 이렇게 말하고 말았다.

"만만치 않으신 분이 왜 그래요. 여자끼리."

휘경이 웃으며 반색했다.

"그런데, 저는 무슨 일을 하면 될까요?"

"미리 들어서 아시겠지만, 저희 연구소는 의료 및 미용 관련 연구를 하고 있어요. 저희 팀은 화장품 분야를 맡습니다. 새로 개발하기로 한 화장품은 피부 속에서 트러블을 일으키는 세포를 찾아내고 위치를 특정해 약효를 전달하고 문제를 방지합니다. 그 과정에서 질병 등 치료에 보편화돼 있는 '공간 오믹스' 기술을 적용하려고……."

"저, 그런데요……."

한국에선 평소 주눅이 들어 의견을 잘 꺼내지 못하던 수민은 친절한 휘경의 태도에 호감이 간 듯 입을 열기 시작했다.

"저도 비행기 타고 오면서 몇 가지 살펴봤는데요, 그거 그냥 노화세포 제거기술 Senolytics 에서 필수적으로 쓰던 '바이오마커 bio-marker'를 이용하면 되는 것 아닌가요?"

"예? 지금 뭐라고 하셨어요? 그러니까 그걸……."

"어차피 노화에 의한 피부 트러블을 막는 화장품이잖아요?"

"그, 그렇죠."

수민의 말을 듣던 휘경은 갑자기 표정이 굳어졌다. 이 문제를 그렇게 접근할 수 있을 거라고는 전혀 생각하지 못했기 때문이다. 노화세포 제거 기술은 인체의 노화세포만 선택적으로 제거해 건강한 삶을 유지할 수 있게 도와주는 기술이다. 2030년부터 관련 기술을 적용한 치료제가 나오기 시작해 2040년인 현재 사람을 대상으로 한 임상에서 적극적으로 도입되고 있었다. 관절염, 추간판 탈출증, 근골격계 질환 등 노화가 오면서 생기는 질환을 예방하거나 완화하는 데 큰 효과가 있다. 물론 이 방법으로 제품을 개발하려 해도 넘어야 할 숙제는 많다. 하지만 목표에 도달하려면 수민의 방식이 훨씬 빠를 것 같다고 생각됐다.

"대단해요. 이 문제를 그렇게 생각할 수 있을지는 몰랐어요. 그런데 우리가 찾아야 할 세포는 노화세포가 아니라 다른 문제로 트러블을 일으키는 세포 종류거든요. 일반 노화세포는 이미 약이 나와 있고……."

"표적인자의 조합을 바꾸면 아마 가능할 거예요. 강현 단장님만큼은 못 하겠지만 저라도 도움이 되신다면 열심히 만들어 볼게요."

오랜만에 칭찬을 들은 수민이 활짝 웃으면서 말했다.

"와. 왜 강 단장님이 김수민 박사님을 이리 보내 줬는지 알겠네요. 좋아요. 갑작스럽지만 오후에 개발팀 회의를 합시다. 박사님도 꼭 들어와 주세요. 지금 이야기하신 아이디어를 설명해 주시면 길이 보일 것 같아요."

휘경은 기분이 좋아져서 말하는 속도가 두 배는 빨라졌다.

한국에선 구박만 받다가 갑자기 큰 기대를 받게 된 수민은 어떻게 반응해야 좋을지 몰라 적잖이 당혹스러웠다. 한편으로는 자신감과 일할 의욕이 솟아오르는 것도 느낄 수 있었다.

그날 저녁. 휘경은 한국의 현에게 전화를 걸어 재능 넘치는 친구를 보내 주어 감사하다고 했다. 하지만 현의 반응은 조금 뜻밖이었다.

"글쎄. 지금은 그렇게 보일 수 있는데, 조금 더 두고 봐 주면 어때?"

"왜요? 아이디어가 정말 대단하지 않아요? 샘솟듯 나와요. 몇 년 전 강단장님 일하는 것 보는 것 같더라니까요."

"조금 두고 보자고. 내가 미안할 일까지는 안 생겼으면 좋겠는데."

"무슨 뜻이에요?"

"똑똑한 친구인 건 나도 인정해. 하지만 아직 뭔가 결여돼 있거든. 그걸 거기서 배우면 했어."

"흠. 무슨 말인지 알 것 같기도 하고."

휘경은 고개를 갸웃거렸다.

******

상하이에 온 지 벌써 3개월이 훌쩍 지났다. 하지만 수민의 연구는 생각 외로 진척이 없었다. 알고 있는 지식의 범주에서 의견을 이야기했고, 스스로도 할 수 있다는 자신이 있었다. 그러나 그녀에겐 아이디어를 실현할 폭넓은 지식과 분석력, 경험 등이 모두 부족했다. 자신 있게 나선 일이라 이것저것 주위에 물어보고 다닐 수도 없었다. 혼자 모든 일을 다 처리하려다 보니 일은 점점 복잡해졌다. 이대로 가다간 더 일정이 꼬여 계획대로 연구를 진행하기 어려울 것 같았다.

"하, 이거 미치겠네. 지금 와서 도와달라고 할 수도 없고."

수민은 하루에도 몇 번씩 그렇게 중얼거렸다.

그렇게 며칠이 지났을까. 수민은 이제 실험에 들이는 시간보다 연구 일정표를 보는 시간이 더 많아졌다. 실험 자체보다 일정 관리에 더 주력해야 하는 상황이 된 것이다. 주객이 전도된 최악의 상황에 이르자 자신 있게 '내가 할 수 있다'고 나섰던 몇 달 전의 자신이 한없이 미워지기 시작했다. 체념한 듯 홀로그램 영상을 쳐다보고 있던 수민 앞으로 음성통화 요청 하나가 날아들었다.

"잘 지내시나? 단장님이 오늘쯤 연락해 보라고 하시더군. 지금 진행 상황은 어때?"

한국에서 그녀의 '사수' 역할을 맡고 있는 최영일 박사였다.

"네. 선배님. 안녕하세요. 전 잘 지내지 못해요."

"왜 그래요? 무슨 일이 있나."

"그게 어떻게 됐냐 하면요……."

최 박사의 연락을 받고 수민은 갑자기 눈물이 왈칵 쏟아지기 시작했다. 선배들의 말 한마디가 얼마나 많은 정보를 담고 있는지, 그동안 선배들이 뭔가 해 본다고 하면 왜 걱정부터 했는지, 경험이 얼마나 중요한 일인지를 그제야 알 것 같았다. 최 박사는 수민이 울음을 그칠 때까지 조용히 기다렸다.

몇 분 정도 시간이 지났을까. 수민은 울음을 멈추고 소매로 눈가를 훔

치며 최 박사에게 그간 있던 일을 낱낱이 설명했다. 자초지종을 들은 최 박사는 한숨을 쉬었다.

"내가 뭘 도와주면 될까요?"

"당장 뭘 해야 좋을지 모르겠어요. 선배님들이 계실 때는 시킨 것만 하면 됐는데. 지금은 아무것도 결정할 수가 없고……. 일이 한두 개일 때는 괜찮았는데 서너 개가 겹치니 머릿속이 하얗고요……."

"알았어요. 알았어. 단말기 코드 불러 줘요. 진행 중인 일정이랑 프로젝트 파일부터 봅시다."

* * * * * *

이날 이후 일은 두 사람이 원격으로 협력하며 진행하게 됐다. 수민이 상하이 연구소에서 실험을 담당하고 보고하면, 최 박사는 업무의 경중을 파악해 그날 우선해서 해야 할 일과 주의할 점도 알려 주곤 했다. 최 박사의 조언은 실제로 놀라운 것이었다. 뭘 어떻게 해야 할지 몰라 당황하던 수민은 업무에 자신을 찾았고, 연구는 빠른 속도로 진행됐다.

그렇게 한 달이 더 지났을까. 수민은 마침내 피부 세포 속 각종 병든 세포의 위치를 정확하게 찾아내는 표적기술을 만드는 데 성공했다. 기존에 노화세포 제거기술에 사용하던 기술에 몇 가지 유전자를 바꿔 넣은 정도였지만 기능 전체를 이해하고 시행해야 하는 일이라 적잖은 노력이 들어갔다. 절대적인 업무량은 수민이 당연히 최 박사와 비교할 수 없이 많았겠지만, 수민은 이번 일은 최 박사 없이 할 수 없었을 것이라고 생각했다.

다시 한 달이 지났을까, 수민이 한국으로 돌아갈 날이 하루 앞으로 다가왔다. 수민은 그간 원격으로 일을 도와줬던 최 박사에게 줄 선물을 사야 한다며 부산을 피우고 있었다.

중국팀장 휘경은 수민이 호들갑을 떠는 모습을 보며 조용히 자기 방으로 돌아왔다. 한국의 현에게 영상 통화를 걸기 위해서였다. 삑 소리가 나자, 전화를 받은 현은 휘경의 얼굴이 보이기가 무섭게 대뜸 사과부터 했다.

"수민 씨 근무 오늘까지지? 그간 미안했어. 골치 많이 아팠지?"

"아니에요. 같이 일하면서 재미있었어요. 결과가 좋았으니 저는 만족해요."

휘경이 특유의 개구진 목소리로 말했다.

"그래도 중간엔 엄청 걱정했었다고요. 갑자기 자기 방에서 나오지를 않고, 사람은 점점 어두워지고, 혼자 다 끌어안고 이야기를 안 하려고 하고. 일이 잘 안 풀렸던 모양인데, 분명히 어렸을 때부터 천재 소리를 듣고 컸을 거예요."

"그만할 때 자주 하는 실수잖아. 경험이 없으면 판단이 어려워. 판단하지 못하면 일을 할 수가 없지. 간단한 건데 다들 잘 모르거든."

"아무튼, 이번에 도와주신 건 맞는데, 그래도 저한테 신세 진 거예요."

"알았다고. 내가 다음에 두 배로 갚을게."

현은 특유의 능글맞은 웃음을 지으며 말했다.

생명과학계 영원의 숙제, 불로장생

　중국 진시황(진씨 성의 시황제)에 대한 이야기는 잘 알고 계시지요? 진시황은 수많은 국가로 쪼개져 서로 전쟁을 하고 있던 중국 땅을 최초로 통일했던 인물입니다. 그는 중국 전체를 통일하고 더 바랄 것이 없어지자 건강하게 오래 사는 것만을 꿈꾸게 됐습니다. 그래서 각지로 몸에 좋다는 약초를 찾아오라고 사람을 보내게 됩니다. 이것이 그 유명한 '진시황과 불로초' 이야기이지요. 하지만 그런 천연 약재가 있을 리가 만무하다 보니, 진시황은 결국 기원전 210년 9월 10일에 숨을 거두게 됩니다. 그가 출생한 것이 기원전 259년 1월이니, 50살에 죽은 셈이지요. 요즘 50살에 숨을 거뒀다고 하면 젊은 나이에 안타깝게 숨을 거둔 것이지만, 그 당시 천하에서 가장 귀하다는 약재를 찾아 다녔던 진시황도 겨우 50살까지밖에 살지 못했다니, 과학은 정말 위대한 힘이 있다는 생각을 했습니다. 당시 최고의 권력을 가졌던 진시황이 그토록 원하던 일을, 이제는 누구나 누릴 수 있는 세상이 왔으니까요.

　의학이 점점 발전하면서 최근엔 수명을 늘리는 것을 넘어서 '노화' 그 자체를 막는 데 관심을 갖는 경우도 늘고 있습니다. 수명 자체를 늘리는 것은 한계가 있겠지만, 살아 있는 동안은 최대한 젊고 건강하게 살 수 있도록 하는 것이지요. 완전히 같은 뜻은 아닙니다만, 비슷한 말로 '안티에이징 anti-aging'이라고 하는 사람도 있더군요. 이런 노화를 막는 기술도 여러 가지가 존재하고, 많은 연구진이 시간과 노력을 들여 다양하고 새로운 기술을 개발하고 있습니다. 그중에 최근 크게 주목받는 기술로 '노화세포 제거기술'이라는 것이 있습니다.

이해가 쉬우시도록 예를 들어 볼까요. 과일을 여러 개 사서 한 바구니에 담아 오랫동안 놓아두면 어떻게 될까요. 분명 같은 날 수확한 과일인데도 어떤 것은 일찍 상하고, 어떤 것은 늦게 상합니다. 긴 시간이 흐른다면 과일 전체는 결국 전부 상하겠지만, 처음에 상한 과일을 골라내면 과일 전체의 신선도는 항상 최선으로 유지할 수가 있습니다. 사람의 세포도 마찬가지입니다. 노화가 좀 더 빨리 진행된 세포를 우선해서 제거하는 기술이 존재합니다. 이런 것을 노화세포 제거기술이라고 부르는 것이지요.

이렇게 하려면 우선 노화세포가 어떤 것인지 찾아낼 수 있어야겠죠. 특정한 물질을 이용해 병든 세포 등을 찾아내는 방법을 생명과학계에서는 '바이오마커'라고 부릅니다. 이 기술을 응용하면 노화가 유달리 많이 진행된 세포를 찾아내는 방법 역시 개발할 수 있을 것입니다. 그럼 노화세포만 선택적으로 제거할 수 있는 약물을 추가로 개발해 바이오마커를 통해 확인한 위치에 정확히 공격하도록 만드는 것이 가능해지겠지요.

소설 속에선 주인공 '수민'이 노화세포 제거기술을 이용해 피부미용 관련 연구를 하는 것을 볼 수 있습니다. 이 기술은 단순히 젊고 아름답게 사는 방법만을 이야기하는 것이 아닙니다. 노화로 인해 일어나는 질병 역시 많기 때문에, 신체 상태를 전반적으로 건강하게 유지하는 것은 건강한 삶을 유지하는 데 큰 도움이 됩니다. 더구나 노화세포는 주위 조직의 노화를 부추기는 성질이 있습니다. 노화세포와 조직 노화의 연관성이 크다는 연구결과 역시 볼 수 있어서, 노화세포를 선택하고 빠르게 제거하는 것은 건강한 삶을 유지하는 기본 조건이 되지 않을까 생각합니다.

알아 두면 좋은 핵심 요약

+ 사람 몸속에 생겨난 '노화세포'는 주변 조직의 노화에도 관련이 크답니다.
+ 이런 세포를 발견하고, 또 제거하는 기술을 연구 중입니다. 이런 기술을 '노화세포 제거기술'이라고 합니다.
+ 이 방법을 통해 각종 질병에 노출될 위험이 적어지고, 전체적으로 더 건강한 삶을 살 수 있게 됩니다. 미용에 적용하면 오래도록 아름다운 모습을 유지할 수 있답니다.

Chapter 4

암? 이제는 무섭지 않다

우리나라에서 사망률 1위를 지키고 있는 질병이 있습니다. 바로 '암'이지요. 의료의 혜택을 전혀 받지 못하는 개발도상국을 빼면 대부분의 국가에서 암은 가장 높은 사망률을 기록합니다. 인간이 암은 아직 정복하지 못했다는 뜻이죠. 그래서 수없이 많은 과학자들이 암을 정복하기 위해 도전하고 있습니다. 암을 물리칠 수 있는 미래의 첨단기술은 어떤 것들이 있을까요?

암보다 독감이 더 무서운 사람(2035년)

국가생명정보기술원 연구원들의 동료의식은 남다르기로 유명하다. 업무량이 막중하고 최고의 연구 기관에서 국가 미래를 선도한다는 자부심도 컸다. 그러니 함께 고생하던 동료들 사이에선 친가족 이상으로 서로 돕고 아끼는 문화가 있었다. 인공지능이 발전하면서 과거엔 몇 년에 걸쳐 차근차근 연구해야 했던 일을 불과 몇 달 사이에 해치울 수 있게 되었는데도 일을 인공지능에 맡기고 편하게 지내기는커녕 도리어 업무량은 점점 더 많아져 갔다. 진보의 속도에 브레이크 같은 건 없으니까.

연구소 내에서 '기술지원단'을 총괄하고 있는 나형욱 단장 역시 일벌레로 유명했다. 그는 요 며칠 사이 입이 석 자는 튀어나왔다. 최근 건강검진에서 췌장암이 발견됐기 때문이다. 당분간 수시로 병원을 찾아야 할 걸 생각하니 나 단장은 계속 짜증이 났다.

"도대체 하루가 아쉬운 판국에 왜 이런 일까지……."

나 단장은 주위에 미안했는지 들으라는 듯 투덜거렸다.

"거, 암 걸린 분이 너무 일만 생각하시는 것 아닙니까."

강현은 나 단장을 놀리듯 낭랑한 말투로 말했다.

"당장 국내 기업체 기술 지원 목록 검토할 것만 몇십 개인 줄 알아? 아 진짜. 인공지능은 왜 자아를 못 가지는 걸까. 말도 안 되는 업체 목록 걸러 내는 것만 알아서 해 줘도 원이 없겠어. 아. 내친김에 우리도 연구소 내 뇌신경연구센터랑 협력해서 한번 만들어 볼까. 뇌과학도 옛날 같지 않잖아."

"어어. 그러다 터미네이터라도 태어나면 어떻게 하시려고요."

"알 만한 사람이 무슨 수십 년 전 농담을 하고 그래? 자네만 해도 나보다 훨씬 머리 좋은데도 내가 시키는 대로 일 하잖아."

"어이쿠. 저는 단장님에 비하면 아직 멀었습니다."

현은 입을 삐죽 내밀면서 너스레를 떨고는 말을 이어 갔다.

"그러지 마시고요. 며칠이라도 입원하시는 건 어때요. 아니면 휴가라도 다녀오십시오. 10년 전에 췌장암이면 사형선고였어요."

"요즘엔 면역항암제 한 달만 처방받으면 되는데 뭐 하려고. 사실 나는 암보다 인플루엔자influenza(독감)가 더 무서워. 대부분 금방 낫긴 하지만 변종이 끝이 없다 보니 사람에 따라 가끔 치명적인 경우가 생겨나는 건 피할 수 없잖아."

"그래도 암 생기실 정도면 너무 무리하고 계신 겁니다."

"이봐. 일이란 건 미루지 말고 할 수 있을 때 최대한 해야 하는 거야.

나중에 어떻게 되고 나면 후회해도 늦는다고. 내가 젊은 시절에 일을 대충했다면 지금 어떻게 되었겠나. 꼼짝없이 '죽었다'고 생각하면서 땅을 치며 후회하고 있지 않겠어?"

그의 말에 현은 어쩔 수 없이 입을 다물었다. 나 단장은 인류가 암을 정복하는 데 큰 획을 그은 인물로 꼽혔다. 불과 10여 년 전만 해도 노년 이후 사망률 부동의 1위는 암이었다. 그러나 인체의 면역기능을 이용해 부작용 없이 암을 공격하는 '면역항암제'가 보편화되면서 암은 차츰 인간이 통제할 수 있는 범위 내로 들어오기 시작했다.

나 단장은 그 단초를 제공한 인물이었다. 사람의 몸속엔 각종 장기, 피부, 혈관 등 수없이 많은 조직이 얽히고설켜 있다. 그는 전 세계 의학, 생명과학연구진이 달려들어도 성공하지 못했던 각 인체 조직에 따라 최적의 항암 효과를 낼 수 있는 세포체 구조를 찾아내는 '세포체 지도'를 완성하는 데 가장 크게 기여한 인물이었다.

자기 말대로 나 단장은 머리가 그리 좋은 편이 아니었다. 그러나 우직함만큼은 남달랐다. 그는 몇 년이고 포기하지 않고 매달리면서 조금씩 실험 데이터를 계속해서 쌓아 올렸다. 그가 만든 '조직별 면역세포 세포체 지도'는 누구든지 맞춤형 항암제를 개발할 때 반드시 참고해야 하는 '바이블'이 됐다. 각종 특효 항암제가 봇물 터지듯 시장에 쏟아져 나오기 시작한 것도 그 무렵부터다.

"휴. 예. 알겠습니다."

현은 한숨을 몰아쉬면서 일단 강 단장의 방에서 물러 나왔다. 어떻게 해서든 저 고집불통 두목님을 며칠이라도 쉬도록 하고 싶었는데, 도저히 말이 통하지 않으니 속이 시커멓게 타들어 갔다. 그는 방문 앞을 나서기가 무섭게 스마트 안경을 누르며 권하선 연구원에게 전화를 걸었다.

"어떻게 됐어요? 성공?"

"아니. 내 말은 통하지도 않아."

"아. 진짜 어쩌자고 저러신대요? 저러다 과로사라도 하실까 걱정이에요."

"잠깐만 있어 봐. 나한테 아직 한 가지 방법이 있기는 해."

현은 2시간 정도 후, 단장실을 다시 찾아가 문을 두드렸다.

"단장님. 시간 되세요?"

"왜 또 왔어? 나 입원 안 한다고 했다."

"그게 아니라. 이것 좀 봐 주시죠."

현은 전자 종이(e페이퍼)로 된 서류 한 묶음을 불쑥 내밀었다.

"저보다 더 잘 아시겠지만, 일부 면역세포는 인체 내 특정 조직에서만 유달리 더 높은 기능을 나타낸다는 사실은 꽤 오래전부터 알려져 있었잖아요. 이 '조직상주 면역세포' 기능을 잘 이용하면……."

"그렇지. 지금 많이들 쓰고 있는 항암제도 비슷한 원리가 많지."

나 단장은 바쁘다는 듯 서류를 휙휙 빠르게 보며 대답했다.

"제 특기가 유전자 설계 아니겠습니까. 제가 그래서 그 면역세포의 성질을 인위적으로 조정할 수 있도록 DNA 설계도를 한번 그려 보고 있었는데요."

"뭐야? 정말인가? 그게 된다고?"

"완성되면 암뿐만 아니라 자꾸 변이를 일으키는 바이러스 세포도 100% 예방과 치료가 가능할지 모릅니다. 앞으로는 인플루엔자도 무서워하지 않으셔도 돼요."

"이거 놀랍군. 그런데, 갑자기 이걸 내놓는 이유가 뭐야? 이 정도면 현씨도 유명 저널에 논문도 발표할 수 있을 텐데 말이야."

"이런 일을 제대로 학계에 알리려면 단장님만한 전문가도 없잖습니까."

"나한테 뭔가 해 달라는 건가?"

"별 것 아니에요. 다음 주에 일본 홋카이도(북해도)에서 유전자설계 분야 학회가 열립니다. 거기 저랑 같이 가 주십시오. 단장님이 계셔 주시면 큰 힘이 될 겁니다. 제가 이쪽 학회는 처음이라서요."

"아. 좋긴 하지만 나는 다른 일이……."

"에이. 싫으시면 할 수 없고요. 그럼 저 혼자 가서 발표할게요."

"아……. 알았어. 잠깐만 기다려. 일정을 좀 조정해 볼게."

"비행기 표는 제가 예약해 놓겠습니다. 제 일정상 일본 공항에서 저랑 만나시면 될 것 같습니다."

현은 입술을 꾹 다물고 조용히 단장실을 빠져나왔다.

단장이 공항으로 출발한 날, 하선은 어이가 없다는 듯이 현에게 말했다.

"와. 무슨 배짱으로 이런 생각을 했어요? 있지도 않은 학회에 가야 한다고 해 놓고 상사를 휴가 보내다니. 나중에 뒷감당을 어떻게 하려고 그래요?"

"괜찮아. 단장님은 인격이 훌륭하신 분이라고. 항공권에 온천 패키지까지 내 카드로 전부 예약해서 보내드렸는데, 화는 좀 내시겠지만 설마 날 어떻게 하시겠어?"

"그런데. 휴가 결재 안 받고 가신 것 아니에요?"

"어. 내가 대신 받아드렸어. 원장님께 몰래 부탁해서. 도착하면 사모님이랑 아이들도 치토세 공항에서 기다리고 있을 거야. 세상에 3년 동안 휴가를 한 번도 안 쓰셨더라고."

"와. 그럼 자기 돈 진짜 많이 썼겠네요?"

"그동안 신세 진 것 생각하면 그 정도야 뭘. 아무튼 저 DNA 설계도는 진짜거든. 다음 주엔 진짜로 유럽 학회에 모시고 가야 해. 그 전엔 날 위해서라도 좀 쉬셔야 한다고."

현은 음흉해 보이는 표정으로 빙긋 웃었다.

현재 가장 믿을 수 있는 암 치료방법

2035년이나 2040년까지 갈 것 없이, 이 글을 쓰고 있는 2021년 현재 병원에서 쓰이는 가장 최신의 암 치료 방법으로는 어떤 것들이 있을까요. 바로 소설에 나온 '면역항암제'입니다. 아직 항암제의 종류가 다양하지 않고, 사용할 수 있는 암의 종류에도 제한이 있지만, 만약 내가 걸린 암을 치료할 수 있는 면역항암제가 세상에 나와 있다면 그야말로 '불행 중 다행'인 셈이지요. 대부분 높은 치료 효과를 나타내니까요.

암세포는 급속도로 성장할 뿐만 아니라, 온몸으로 '전이'하는 특징이 있습니다. 대부분의 질병은 먼저 약물로 치료한 후 차도가 없으면 수술을 하는데, 암 치료는 이와 반대로 수술을 먼저 하고 나서 약을 이용해 혹시 몸속에 남아있을지 모를 작은 암세포를 공격하지요. 따라서 지금보다 훨씬 효과가 좋고 부작용이 적은 '항암제'가 없이는 암의 완전 정복은 어려운 일이랍니다.

'1세대 항암제'는 '화학항암제'라고도 불리는데, 정상적인 세포를 구분하지 못하기 때문에 부작용이 극심합니다. 암세포가 빠르게 증식하는 점에 착안해 분열이 빠른 세포를 공격하도록 만드는데 이 때문에 머리가 빠지거나 생식불능, 구역 및 구토, 극심한 피로 등의 부작용이 이어졌습니다. 2세대 항암제는 흔히 '표적항암제'라고 불리는데, 암세포 속 특정 단백질이나 유전자 변화를 목표로 공격합니다. 부작용은 상대적으로 적지만 효과를 볼 수 있는 암 종류가 많지 않고, 또 암세포에 변이가 일어나면 이른바 '내성'이 생겨 효과가 크게 낮아지는 단점이 있습니다.

그래서 나온 것이 바로 3세대 '면역항암제'인데, 인간이 가진 면역기능을 이용해 암을 공격하도록 만든 것입니다. 항암제의 고질적 문제인 독성(1세대)과 내성(2세대)을 고루 해결할 방법으로 기대받고 있지요.

물론 면역항암제도 아직 개선이 필요합니다. 아직은 기술이 충분치 않아 피부 및 위장관, 내분비계, 간 등에서 부작용이 보고되는 경우가 많습니다. 다만 이런 문제를 해결하기 위해 과학자들이 부단히 노력 중입니다. 면역기능 자체를 더 많이 이해하고, 거기 걸맞게 약품을 맞춤 생산할 수 있는 기준을 마련해야 합니다. 인체 부위 별로 어떤 면역세포가 잘 반응하는지 이해하는 '조직별 면역세포 세포체 지도'기술, 인간 면역세포의 기능과 특징을 완전히 분석한 '세포지도'기술 등이 연구되고 있습니다.

국가생명공학정책연구센터에 따르면 향후 10년 정도면 나 단장이 완성했던 '조직별 면역세포 세포체 지도'가 완성돼 다양한 질병의 원인을 규명할 수 있고, 부작용 없는 면역항암제 등의 개발 등도 가능해질 것으로 기대하고 있습니다. 위 소설에선 나형욱 단장 스스로도 암에 걸렸지만 조금도 암을 두려워하지 않고 도리어 독감을 더 신경 쓰는 모습으로 묘사해 보았습니다. 기술적으로는 십수 년 이내에 '암 걱정 없이 살 수 있는 세상'이 다가올 희망이 있다는 것은 매우 긍정적인 사실입니다. 물론 실제로 병원에서 치료를 받으려면 임상실험, 생산기술 개발 등 다른 문제를 해결해야 하니 조금은 더 시간이 필요하겠지요. 그래도 2035년이라면 분명, 다들 암을 크게 무서워하지 않는 세상이 올 거라고 믿습니다.

알아 두면 좋은 핵심 요약

+ 항암제 중 가장 효과가 좋은 최신 항암제는 3세대 '면역항암제'입니다.
+ 면역항암제의 효과를 지금보다 훨씬 더 높이기 위해선 면역세포가 인체 조직 속에서 어떻게 분포하고 움직이는지를 나타내는 '지도'를 그릴 필요가 있습니다.
+ 이런 '조직별 면역세포 세포체 지도' 기술은 앞으로 10년 정도면 완성될 것 같습니다.

험난한 여름휴가 일정(2035년)

여름 휴가철을 맞아 강현과 권하선, 두 사람은 고민 끝에 나란히 휴가원을 내기로 결심했다. 업무가 과중하다 보니 같은 연구실에서 일하는 두 사람이 동시에 휴가를 내는 건 동료 연구자들의 원망을 한 몸에 받을 만한 일이었다. 하지만 얼마 전 '1000일 기념일'마저[17쪽 '그들만의 1000일 기념일(2035년)' 참조] 야근으로 보내야 했던 두 사람은 일만 계속하다간 몸보다 정신이 먼저 망가질 것 같다는 불안감이 들었다. 며칠이라도 좋으니 일 걱정 없이 두 사람이 함께 쉬고 싶은 마음이 굴뚝 같았다. 이런 욕심은 연구자로서의 책임의식을 아득히 멀리 날려 보낼 충분한 힘이 있었다.

현은 이번 한 번만 둘이 함께 휴가를 다녀오게 해 달라고 상사인 나형욱 단장을 일주일 전부터 졸라댔다. 나 단장은 "휴가를 둘이 꼭 함께 가야겠느냐"고 몇 번이나 만류해 봤지만 현의 의지는 강력했다. 결재를 보류하면 다음 날 다시 찾아갔다. 더구나 지난번 현에게 속아 가족 휴가까지 다녀왔던 나 단장은 야멸차게 거절할 명분을 찾기도 힘들었다.

"설마 이러려고 저번에 나 휴가 보냈던 건 아니지?"

"일생의 소원입니다. 단장, 아니 형님."

"공사 구분 잘 하는 사람이 왜 이래. 무섭게."

"둘이 같이 가기로 한 시점에서 이미 그런 거 없다고 생각했습니다."

어렵게 결재를 받은 현은 단장실을 빠져 나왔다. 복도에서 쾌재를 부르지는 못하고 그저 한쪽 손을 조용히 꽉 쥐어본 현은 성큼성큼 자신의 연구실 책상 앞으로 돌아왔다. 마침 공용 실험 장비를 사용하기 위해 맞은편 자리에 잠시 앉아 있던 하선이 책상 가림막 너머로 고개를 살짝 내밀고 물었다.

"결재 잘 됐어요?"

"응. 그런데 나 혼 많이 났어. 다녀와서 둘이 제대로 만회해야 할 것 같아."

"알았어요."

하선은 살짝 웃으면서 대답했다.

현은 손을 바쁘게 움직이기 시작했다. 결재가 났으니 휴가를 떠날 대책을 세워야 했다. 먼저 밀린 일을 어느 정도 정리할 필요가 있었다. 개인용 정보 단말기를 책상 앞 홀로그램 디스플레이에 꽂고선 자신에게 쏟아져 들어와 있던 각종 이메일이나 보고용 파일, 논문 서식 등의 서류를 맹렬한 속도로 보기 시작했다.

휴가 날까지 그에게 주어진 시간은 겨우 일주일이다. 하지만 쌓인 파일을 보면서 그는 짧게 한숨을 내쉬었다. 굵직한 연구야 차근차근 진행하는 거니 어떻게든 조정이 가능했다. 하지만 새로운 연구를 기획하는 일, 기존의 연구 성과를 정리하고 보고하는 일도 중요한 업무 중 하나다. 이런 일은 대부분 일정에 맞춰 어떻게든 서류를 작성해 넘겨야 한다. 얼핏 보니 평소에 가지고 다니던 50쪽짜리 전자서류 바인더 두 개에 옮겨 넣고 처리하기는 불가능할 것 같아 보였다. 급한 대로 현은 눈앞에 있는 하선이 가지고 있던 100쪽짜리 전자서류 바인더까지 빼앗듯이 빌려왔다. 그리고는 홀로그램 디스플레이 속에 보이는 수많은 파일 중에서 당장 급한 것부터 전자서류로 하나씩 던져 넣기 시작했다.

2030년대가 되면서 사람들의 컴퓨터 사용 환경은 크게 달라졌다. 겉보기엔 먼 옛날처럼 서류 뭉치를 들고 다니면서 일을 하는 것처럼 보였다. 그러나 실상은 언제든지 원하는 대로 내용을 바꿀 수 있는 전자잉크

서류라는 점이 달랐다. 보통은 50쪽, 혹은 100쪽 정도씩 전용 바인더로 묶어 한두 개씩 가지고 다니는 게 전부였다. 당장 일할 분량을 옮겨 넣을 수 있었고, 그 종이 위에 전용 펜이나 가상키보드로 글씨를 쓰거나 메모를 하면 원본 파일까지 한 번에 바뀌어 저장됐다. 영상을 보거나 수식을 계산하는 등의 복잡한 일도 할 수 있었다. 그러니 영상 제작이나 설계 등의 전문적 작업을 하는 사람들, 옛날 방식이 좋아서 여전히 키보드와 마우스를 쓰는 일부 사람을 제외하면 책상 위에 모니터를 놓고 쓰는 사람은 드물었다. 현처럼 꼭 필요할 때만 홀로그램 장치를 이용해 파일을 관리했다.

"이건 다녀와서 해도 되고. 이건 내일 보내야 하고, 그리고 이건……."

"너무 서두르지 말아요. 나도 도와줄게요."

책상 위 홀로그램 영상을 보며 마치 복싱이라도 하듯 두 팔을 휘젓고 있는 현을 바라보고 있던 하선은 안쓰럽다는 듯이 말했다.

"자긴 자기 일 있잖아. 이렇게 구분만 해 놓으면 내일부터 연구 중에 짬짬이 챙기면 될 거야."

"다음번에 갈 걸 그랬나 봐요. 미안해지네."

"아이고. 안 바쁠 때가 있어야 다음에 가지."

현은 손을 바쁘게 움직이면서 투덜대고 있었지만 내심 하선과 단둘이 휴가를 간다는 생각에 입꼬리는 살짝 웃고 있었다.

"앗."

그렇게 한참을 파일을 넘기던 현의 눈에 맘에 걸리는 이메일 하나가

눈에 들어왔고 현은 외마디 비명을 지르고 말았다. 신경외과 의사로 일하고 있는 친구 김형진이 보낸 파일이었다. 제목란엔 '두개 내 원발 간엽성 연골육종 사례 찾았음'이라고 적혀 있었다. 간에서 생겨난 '육종'이라는 악성 암이 뇌로 전이된 환자를 발견했다는 것이다. 치켜 올라가 있던 현의 입꼬리는 순식간에 굳어졌다.

그는 즉시 스마트 안경을 찾아 쓰고 형진에게 전화를 걸었다.

"미안하다. 답이 늦었지. 이메일을 지금 봤어. 이거 상황 좀 알려 줘."

"네가 부탁한 거 찾았다고. 야, 이거 고생했다. 네 말 생각나서 내가 제주 분원까지 달려갔다 왔어."

형진은 너스레를 떨며 말했다.

사코마Sarcoma(육종)는 암 중에서도 항암제가 잘 안 듣기로 유명하다. 일반 암을 카시노마Carcinoma(상피종)라고 부르며, 대부분의 항암제는 이 암을 치료할 목적으로 개발된다. 그러나 시대가 발전하면서 항암제 기술이 발전해 육종의 항암치료도 가능해졌다. 오가노이드를 면역세포 항암치료 개발에 응용할 수 있는 '암 오가노이드 연계 면역세포 치료기술'이 5년 전부터 완전히 실용화되면서 가능했다. 환자의 몸에서 뽑아낸 물질로 오가노이드를 만들고, 이 세포를 이용해 가장 효과가 높은 면역세포 치료제를 생산하는 기술이다.

하지만 뇌는 2035년인 지금까지도 어느 정도 걸림돌이 있었다. 혈뇌장벽(오염물질이 뇌로 전달되는 것을 막는 얇은 막이다. 약물의 전달까지 막아버려 항암치료의 걸림돌이 된다)을 해결하는 것도 문제였고, 뇌 조직에 꼭 맞는 면역세포를 만드는 방법도 골칫거리였다. 만약 육종이 전이되어 뇌 속에서 발견될 경우 일반 육종과 두뇌 육종, 두 가지 특수성을 모두 고려해 치료제를 만들어야 한다. 현은 나 단장과 공동으로 이 분야 연구 역시 진행하고 있었기 때문에 뇌 부위에서 육종이 발생한 환자에게 신선한 암세포를 얻어 오는 데 혈안이 돼 있었다.

"환자를 찾았는데 수술을 해야 할 것 같아. 다행히 환자는 연구에 도움이 된다면 수술 중에 떼어 낸 조직을 기증한다고 했거든."

형진이 계속 말을 이어나갔다.

"수술 날은 다음 주 금요일이고, 그날 병원에 오면 깨끗한 조직표본을 넘겨줄 수 있어. 환자의 암은 물론 간, 뇌세포도 일부 얻을 수 있을 거야."

"금요일? 야. 저⋯⋯. 내가 그날 안 가면 안 되겠지?"

"무슨 소리 하는 거야. 네가 여기서 줄기세포 뽑아내서 오가노이드로 만들어 보고 싶다고 했잖아. 뇌종양 자체가 다른 암에 비해 드물고, 다른 곳에서 생긴 암이 다시 뇌로 넘어와서 두개골 내에 이렇게 딱 맞게 생긴 사례는 그중에서도 0.2%도 안 된다고. 이런 샘플 네 평생에 다시 찾기 힘들 텐데."

"휴. 냉동 보관해 주면 안 되겠지?"

현은 다시 한번 우물쭈물 물었다.

"좋을 리가 있냐. 웬만하면 네가 와서 바로 가져가."

"알았어. 잠시만. 내가 다시 전화해 줄게."

"오케이. 무슨 일인지 모르지만 나는 환자 치료만 하면 돼. 그다음엔

해 달라는 대로 해 줄 테니까 결정하고 알려 줘."

전화를 끊고 현은 혹시 하선이 통화 내용을 들었을까 싶어 고개를 돌려 주위를 살폈다. 다행히 하선은 자기 자리로 돌아갔는지 공용 책상엔 아무도 앉아 있지 않았다. 현은 머릿속이 복잡했다. 다시 얻기 힘든 실험 자료를 포기하긴 어려웠다. 하지만 이번 휴가가 둘 사이에 더없이 소중한 것도 사실이었다.

현은 홀로그램 디스플레이를 꺼버렸다. 그리고 오가노이드 실험계획 서가 올라가 있는 전자서류를 들고 앉아 빤히 보기 시작했다. 새삼 다시 볼 필요 없는 파일이지만 그는 시무룩해진 표정으로 그 서류를 들여다 보는 것 이외에 다른 행동을 할 생각이 나질 않았다.

몇 분이 더 흘렀을까. 등 뒤에서 인기척이 느껴졌다. 하선이었다.

"깜짝이야. 어디 갔다 왔어? 자기 자리 돌아간 줄 알았더니."

하선은 말없이 현에게 전자서류 두 장을 내밀었다. 제목란엔 '휴가철회원'이라고 적혀 있었고, 맨 밑엔 각각 현과 하선의 이름이 적혀 있었다. 나 단장의 사인은 이미 올라가 있었다.

"이게 뭐야. 왜 이런 걸 가지고 왔어."

"아까 통화하는 걸 들었어요. 휴가 못 가는 거죠?"

"아니. 꼭 그런 건 아니야. 잘 알아보면 방법이……."

"자. 자. 이걸로 여기다 사인하면 서버에 바로 올라가니까 철회 결재 즉시 끝나요. 내가 단장님 다시 졸라서 이거 받아오느라고 애 먹었다고요."

"하지만……."

"빨리요. 우리 팔자가 그렇지 뭐."

하선은 별일 아니라는 듯 생글생글 웃으며 말했다.

장기 모사체, '오가노이드'를 아시나요?

다양한 질병으로 심장, 폐, 위, 간, 눈 등의 인체 장기를 이식받고자 하는 환자들은 얼마든지 있습니다. 천신만고 끝에 장기를 기증받는다 해도 환자의 몸에 적합하지 않으면 수술을 받을수 없게 됩니다. 환자 몸에 꼭 맞는 장기를 안정적으로 공급하는 방법은 없는 것일까요. 가까운 미래에는 장기를 인공적으로 만들어 활용하는 세상이 올지 모르겠습니다. 다양한 인체조직을 인공적으로 만들어 낼 수 있는 기술을 각지에서 연구 중이기 때문이죠.

현재 가장 빠르게 실용화될 것으로 기대되는 것은 동물의 장기를 이용하는 '이종異種장기' 분야죠. 돼지의 장기를 이용해 사람을 치료한다는 이야기, 여러분도 뉴스나 기사, 잡지 등에서여러 번 보셨을 것 같습니다.

그리고 이렇게 장기를 만드는 기술은 이종장기기술 이외에하나가 더 있는데, 이른바 '오가노이드' 방법이라고 합니다. 쉽게 말해 줄기세포로 사람의 장기, 즉 내장기관의 세포를 만드는 것인데, 본래 과학실험에 쓰기 위해 만들어 낸 방법입니다. 그런데 이 과정에서 재미있는 것을 알아냈는데, 실험 결과 줄기세포를 간 등 장기의 세포를 만든 다음 이것을 계속 배양했더니 실제 간 기능을 해 낸다는 것이었습니다. 일본 연구진은 이런 세포를 간이 안 좋은 환자에게 주사한 결과, 혈관이 연결되면서 나빠진 간세포 대신 일을 하기 시작했다고 발표한 적도 있습니다.

소설에선 현이 뇌로 전이된 암환자의 세포를 구하려고 했고, 일정이 중복되면서 휴가를 가지 못하게 되는 장면이 나옵니다. 현은 아마도 환자의 정상적인 뇌 줄기세포로 오가노이드를 만든 다음, 거기에 암에 걸린 세포를 심어 암의 발생이나 진행 과정을 알아보고 싶었던 것이겠지요. 이렇게 암의 발생 과정을 확인할 수 있으면 면역항암제의 개발 등이 훨씬 쉬워지니까요. 2035년엔 이런 기술이 이미 상당히 발전해 있었는데, 육종이라는 특이한 암이 뇌로 전이된 경우는 찾기 어려웠고, 그것마저 정복하고 싶었던 주인공의 고민을 표현해 보고자 했습니다.

생명과학자들은 약 15년 정도의 시간이 지나면 인공장기 기술이 일정 부분 상용화될 것으로 보고 있답니다. 그 이후 더 크고 복잡한 장기까지 생산이 차츰차츰 가능해질 거라는 전망이지요. 그리고 그와 동시에 오가노이드를 이용한 암 연구도 점점 발전할 것입니다. 그러니 앞으로는 누구든지 수술에 필요한 치료법을 좀 더 손쉽게 찾아볼 수 있는 세상이 올 것 같습니다.

알아 두면 좋은 핵심 요약

+ 오가노이드는 줄기세포를 배양해 인간의 세포를 만들어 실험에 사용하는 방법입니다.
+ 이 방법을 새로운 면역항암제 개발에 사용할 수도 있습니다. 이 방법을 암 오가노이드 연계 면역세포 치료기술이라고 한답니다.
+ 2035년 즈음엔 이런 치료법이 상당히 발전할 것으로 보입니다.

두 남자의 신경전(2035년)

"박사님도 잘 아시겠지만, 면역항암제도 만능은 아닙니다. 사람에 따라서 그 효과에 차이가······."

"아. 알았어요. 알아서 잘 해 주시겠지요. 뭐."

"······."

"그래서 저는 언제까지 병원에 와야 하는 건가요?"

"지금으로서는 확답을 드리기가 어렵습니다. 우선 이번 주만 드시는 약을 좀 늘려보시겠어요?"

"치료 기간이 늘어나면 곤란한데."

나형욱 국가생명정보기술원 단장이 췌장암으로 병원을 드나든 지 벌써 3주째다. 표적항암제 치료를 받으며 어느 정도는 차도가 있어도 좋으련만 그의 병세는 그리 좋아지고 있지 않았다. 다행히 암이 더 이상 진행되는 것은 막을 수 있었지만 이 상태로 치료를 계속할 수는 없어 치료 방침을 변경해야 할 기로에 서 있었다.

의료기술이 발전하면서 '오진'이라는 말이 나오는 일은 크게 줄어들었다. 인공지능 검진프로그램을 이용하면 거의 대부분의 상황에서 필요한 조치를 찾아낼 수 있기 때문이다. 간단한 병이라면 그대로 따르는 편이 안전하고 확실했다.

인공지능 진료시스템이 도입되기 시작한 초창기엔 세간에서 '현장에서 내과 의사가 사라질 것'이라는 이야기가 많았다. 그러나 현실은 그와 다르게 변했다.

검증된 '스탠다드(가장 효과가 높다고 인정받은 치료법)'를 따른다고 해도 의료에 100%는 있을 수 없는 법이라 변수는 언제든지 생길 수 있었다. 그러니 환자의 상태를 살펴보고 적절히 치료 계획을 세우며 수정해 나가는 고급 의료 관리 서비스가 중시되기 시작했다. 이런 서비스를 유지하기 위해선 실력 있는 내과 의사의 존재는 여전히 필수로 여겨졌다.

나 단장을 담당하고 있는 주치 의사는 그의 차트(의료기록카드)를 볼 때마다 입술이 바짝바짝 타들어 가는 기분이 들었다. 생명과학 전문가들은 종종 '진상 환자'로 불리기도 했다. 그도 그럴 것이 아는 게 많으니 궁금한 점도 많았고, 아는 게 많으니 오해도 더 자주 생겼기 때문이다. 일부 의사들은 "생명과학 분야에서 일하는 환자가 제일 싫다"고 공공연하게 이야기하고 다니기까지 했다.

더구나 나 단장이 누구라고 신경이 쓰이지 않았을까. 직접적으로 의학기술 발전에 큰 공헌을 한 유명 과학자를 치료하기란 의사 입장에서 여간 부담이 되는 일이 아니었다. 암은 더 이상 불치병으로 불리지 않는 시대지만 중병重兵이라는 사실은 변함이 없었다. 더구나 나 단장의 태도는 다른 전문가들과도 달랐다. 그런 점이 주치의를 더욱 곤혹스럽게 했다. 병원을 올 때마다 검사를 받고, 의사에게 경과에 관해 설명을 들을 때마다 "그럼 언제 낫는 거냐? 언제부터 병원을 안 와도 되느냐"는 천진한 질문만 반복하곤 했다. 주치의는 그 말이 더없이 부담스럽게 들렸다. 약이 자신의 몸속에서 어떻게 작용하는지, 그 모든 과정을 누구보다 더 잘 알고 있을 것 같은 사람이 자꾸 초등학생이나 할 법한 뻔한 질문만 하니 그시커면 속마음이 궁금했다. 그에겐 나 단장의 "언제 낫느냐"는 질문이 '왜이 정도밖에 효과가 없느냐. 암세포 크기가 20~30%는 줄어 있어야 하는 것 아니냐. 당신이 빠뜨린 부분은 없느냐'는 질책으로 느껴졌다. 그러니 담당 의사는 지난주부터 말하려고 했던 치료법 변경에 관한 이야기를 이

번에도 꺼내지 못하고 있었다. 그의 입에서 무슨 이야기가 나올지 무서웠기 때문이다.

나 단장의 생각은 이와 반대였다. 그는 병원을 갈 때마다 조급한 마음이 들었다. 밀린 업무가 많아 병원을 찾는 시간도 아깝다고 여기는 그의 관심사는 그저 하루라도 빨리 병이 완전히 낫는 것이었다. 하지만 매번 의사는 치료 방향과 종료 시점을 명확히 알려 주질 않고 자꾸 말을 빙빙 돌리고 있었다. 그러니 매번 그가 할 수 있는 질문도 '언제 다 낫느냐'는 그 한 가지 뿐이었다.

의사가 면역항암제를 쓰고 있는 것은 알겠고, 그 성분도 잘 알고 있는 것들이었다. 하지만 거기까지였다. 혼자 병과 싸우라고 하면 아무것도 하지 못한다고 생각했다. 몸 상태를 정확히 검사하고 거기에 맞춰 어떻게 치료 방침을 잡아 나갈지는 아무것도 알 수 없었다. 면역항암제 이외의 함께 먹는 각각의 약들은 어떤 것들인지, 주사로 맞아야 할 약과 피부에 붙이는 약, 먹는 약 등 종류가 어떻게 다른지, 투약 시간과 양은 어떻게 조절해야 할지 등 이런 세세한 치료과정을 확인하는 것도 철저히 의사의 영역이었다.

물론 일부 과학자 중에는 이해가 갈 때까지 의사와 실랑이를 벌이는 유형도 있었다. 하지만 나 단장은 도리어 주치의가 자꾸 뭘 설명하고 양해를 구하려는 태도가 영 못마땅했다. 그는 왜 자신 있게 치료를 하지 않을까. 왜 치료 방침을 결정하면서 의학에 대해 잘 모르는 환자에게 묻고 결정하려는 것일까. 그의 미온적인 그 태도가 잘 이해되지 않았다.

"단장님. 무슨 일 있으십니까?"

어느 평일 아침, 보고서를 제출하러 나 단장 집무실을 찾은 강현 연구원은 그가 턱에 손을 괴고 앉아 골똘히 생각에 잠겨 있는 것을 보고 깜짝 놀라 물었다. 나 단장은 이도 저도 아닐 경우 일단 하나를 정해 밀어붙이는 타입이다. 직원들 사이에서 그가 심사숙고하는 것을 본 사람은 오늘 현이 처음이다.

"아. 미안. 들어오는 걸 못 봤어. 병원 문제 때문에 그러네. 주치의가 치료 방침이 명확하지 않은 것 같아. 이 이상 차도가 없다간 진짜로 위험해질 것 같다는 생각도 들고 그렇군."

나 단장은 현이 내미는 전자서류 뭉치를 받아 챙기면서 말했다.

"자꾸 왜 나한테 뭘 물어보는지 알 수가 없어. 자기가 의사잖아. 자기가 치료 방침을 정하는 게 아니고 자꾸 나한테 결정하라고 미루는 느낌이 든단 말이야."

"보통은 의사들이 환자들과 잘 공감해 주지 않는다고 화를 내곤 하던데 단장님은 정 반대시네요."

현은 무슨 일인지 알았다는 듯이 담담하게 웃으며 답했다.

"다른 병원을 갈까?"

"그 전에 주치의랑 이야기를 조금 더 해 보시면 어때요. 실력 있는 친구라 소개해 드린 건데. 혹시 단장님을 좀 어려워하는 것 아닐까요?"

"뭐? 날 왜 어려워 해. 그렇다고 해도 그렇지. 치료를 제대로 안 하면 어떻게 해."

"내일 병원 가시는 날이죠? 다른 치료법을 검토해 달라고 먼저 한번 이야기 해 보십시오. 단장님 덕분에 세상에 나온 면역항암제를 단장님 눈앞에서 부정할 수는 없는 일 아닙니까."

"……."

이튿날 나 단장은 다시 병원을 찾았다. 병원을 다시 찾은 지 일주일 만이었다. 주치의는 검사를 다시 진행했다. 혈액 검사를 진행하고, 저선량 CT(컴퓨터단층촬영)와 3D(입체) 초음파로 췌장 부위를 다시 촬영했다.

나 단장은 검사가 끝날 무렵, 이동식 침대에 누운 채로 주치의의 소매를 잡고 나지막이 말했다.

"선생님. 환자는 선생님을 믿고 여기 있는 겁니다. 선생님이 주도적으로 치료해 주시지 않으면 저는 아무것도 할 수 없다는 점을 꼭 알아주십시오."

주치의는 뒤통수를 한 대 맞은 것 같은 기분이 들었다. 세계적인 생명과학계 석학의 입에서 저런 나약한 말이 나올 줄이야. 주치의는 곧 나 단장의 손을 잡고 가슴 속에 쌓아 뒀던 이야기를 속사포처럼 털어 내기 시작했다.

"지금 박사님은 약이 잘 듣지 않습니다. 몇 퍼센트의 확률로 면역항암제가 효과가 크지 않은 사람이 있는데 공교롭게 박사님이 그렇습니다. 지금 암이 축소해 가는 속도가 점점 줄어들고 있어요. 이대로 1~2주만 더 계속하면 이 이상 약효를 기대하기는 어려울 것 같습니다. 그래서……."

"예. 어떻게 할지 가르쳐 주세요. 그대로 하겠습니다."

"수년 전부터 새로 도입된 광치료 기법을 병행할 것을 권유 드립니다."

"그건 뭔가요? 나도 처음 듣는데."

나 단장은 이제 말을 중간에 끊지 않고 의사의 설명을 듣기로 했다.

"먼저 빛에 반응하는 약을 따로 주사로 맞으셔야 합니다. 이 약은 암세포에만 모여들게 됩니다. 그 다음엔 외부에서 특수한 파장의 강한 빛을 쏘면 암세포만 선택적으로 죽일 수 있습니다."

"아. 어렸을 때 비슷한 치료를 본 기억이 나는데. '감마나이프'라고 불렀었나."

"사실 조금 다릅니다. 그건 감마 방사선을 환부에만 집중시키는 장치라서, 빛을 이용해 치료하는 건 맞지만 이건 광민감제를 이용합니다. 약이 강한 빛에 반응하는 것이죠. 최근에야 좋은 약들이 많이 나와 실용화가 됐는데, 사실 이것도 박사님 공로가 큽니다."

"나 때문에? 왜요?"

"조영제가 암세포에만 모여들게 하려면 면역학적 분석이 필요하니까요. 관련 분야 연구자들은 다들 박사님 연구를 참고하죠."

"아. 그거 고마운 이야기네요. 그럼 잘 부탁드릴게요."

"오늘 바로 1차 치료받고 가시도록 하겠습니다."

"그렇게 바로요? 내 몸에 맞게 약도 새로 마련해야 하지 않나요?"

"이미 준비해 두었습니다."

주치의는 가슴 속 답답함이 풀리는 것을 느끼면서 짧게 대답했다.

암을 치료하는 세 가지 방법에 대해 알고 계신가요. 첫 번째는 칼로 환부를 도려내는 방법, 즉 수술이죠. 두 번째는 약으로 암세포를 죽이는 방법, 즉 항암제입니다. 세 번째는 '빛'을 쪼여주는 방법입니다. 흔히 방사선 치료라고 하는데, 사실 방사선 이외에도 여러 종류의 빛을 사용하므로 '광의학기술'이라고 부릅니다.

빛에도 여러 종류가 있는데, 우리 눈에 보이는 것은 가시광선이라고 부르죠. 적외선이나 방사선처럼 눈에 보이지 않는 빛도 있습니다. 이런 것들은 에너지가 높아서 암세포를 죽일 수 있지요. 적외선만 해도 피부 등의 치료에는 꽤 많이 쓰이고 있지요.

이런 '광의학기술'이 쓰인지는 꽤 오래되었습니다만, 생명과학계에서 앞으로 대단히 주목받을 신기술로도 꼽히고 있습니다. 소설에 쓰인 내용에선 면역항암제가 잘 듣지 않는 사람이 광의학치료기술을 병행하는 장면을 담고 있습니다. 여기서는 '광민감제'라는 것을 사용하는 것을 볼 수 있는데, 광민감제를 주사로 체내에 주입해 암 조직에 축적시킨 뒤 빛을 쏘아 암세포를 파괴하는 것입니다. 이때 사용하는 빛은 '레이저'를 주로 씁니다. 방사선 치료와는 다르다는 뜻이지요.

본래 광의학치료기술의 아이디어 자체가 나온 지는 꽤 오래 되었습니다. 문제는 한 번만 주사로 맞으면 다음번에는 효과가 거의 없어 또 주사로 맞아야 했지요. 더구나 또 광치료를 마친 뒤에는 한동안 외출을 하지 못하는 등의 어려움도 있었습니다. 빛에 민감하게 반응하는 환자가 햇빛을 보면 큰 부작용이 생길 수 있기 때문이죠. 즉 광치료를 받을 때마다 주사를 맞아야 하고, 일정 시간은 어두운 방에서 나가지 못하는 불편함이 있었습니다. 국내 한국과학기술연구원 KIST 연구진이 2020년 12월 발표한 기술은 이런 불편을 크게 해소했다고 하더군요. 주사를 한 번만 맞으면 광민감제가 암세포 주변에만 모여 있게 만든 겁니다. 지속 기간은 2~4주 정도로 늘어났고 외출을 해도 괜찮았으며 무엇보다 효과도 과거보다 더 좋았습니다. 위 소설 속 나형욱 단장이 받는 치료도 이와 비슷한 종류가 아닐까 생각됩니다.

이 방법이 꼭 항암치료에만 쓰이는 것은 아니며 여러 가지 응용이 가능하겠지요. 하지만 항암치료 분야에 가장 주목을 받고 있는 것은 사실입니다. 암은 우리 인류가 극복해야 할 가장 큰 숙제 중 하나니까요.

+ 특정 파장대의 빛과 광민감제를 암세포에 모여 있게 하는 것이 가능합니다.
+ 그 이후 레이저 등 투과 에너지가 높은 빛을 쏘여 주면 항암치료 효과가 있습니다. 부작용이 적고 치료 효과가 뛰어난 것이 특징입니다.
+ 이런 의료기술을 흔히 '광의학치료기술'이라고 부릅니다.

Chapter 5

의료,
더 건강하고
더 간편하게

의료라고 하면 병을 치료하는 것만 생각하는 경우가 많습니다. 하지만 그 이상으로 중요한 과정이 있습니다. 사람들이 병에 걸리지 않도록 돕고, 또 조금이라도 아픈 사람은 모두 쉽게 치료를 받을 수 있게 만드는 기술, 치료과정이 간편하고 괴롭지 않도록 만드는 기술도 중요하겠지요. 이런 기술이 하나 둘 늘어갈수록 우리 삶의 질도 점점 더 높아질 것 같습니다. 건강관리 기술은 미래를 어떻게 바꿔 나갈까요?

홈오토메이션이 가져온 굶주림(2035년)

"휴. 이거 곤란하게 됐는데."

휴일 아침. 식사 전 체중계에 올라가 본 강현은 나지막하게 탄식을 내뱉고 말았다. 몸무게가 어느덧 85kg을 훌쩍 넘어섰기 때문이다.

사실 현은 자신의 체중에 그리 신경 쓰는 성격은 아니었다. 그가 걱정하는 건 다른 문제였다. 연인인 권하선이 잔소리를 늘어놓을 것이 뻔했기 때문이다. 85kg은 그녀가 일방적으로 정한 현의 한계 체중이다.

현은 저울에서 내려와 아침 식사로 먹을 빵 몇 개를 구우면서, 커피 한 잔을 내리고 있었다. 하선으로부터 영상 통화가 왔다. 뭔가 눈치를 챘는지 초반부터 공격적이었다.

"아침 먹고 있는 거죠? 그 빵 절반은 나중에 먹어요. 너무 많아요."

"응? 내가 빵을 몇 개나 굽고 있는지 어떻게 알고?"

"아침마다 원래 빵 많이 먹잖아요. 크루아상 한 조각에 몇 칼로리인지 몰라요?"

"뭐? 아니 빵 종류는 또 어떻게 알았어?"

현은 뭔가 이상하다고 느꼈다. 평소 눈치가 빠른 편이긴 하지만 이렇게 모든 일을 손바닥 보듯 꿰뚫어 보고 있기는 어려운 일이었다. 현이 이틀 전 하선과 나란히 퇴근하면서 제과점에 들렀다가 크루아상을 산 건 사실이었다. 하지만 그때 바구니 속에는 평소 자주 사던 베이글도, 통밀식빵도 들어있었다. 영상 통화 장치로 토스터 속에 들어 있는 빵의 종류까지 확인하는 건 불가능했다.

"한계 체중까진 아직 여유가 있어. 아침은 좀 챙겨 먹을게."

오늘따라 하선이 다그치는 기색이 강하자 현은 어쩔 수 없이 거짓말을 했다.

"안 넘은 것 맞아요? 체중 몇 kg이었는지 정확하게 말해 봐요."

하선은 식탁 앞 홀로그램(입체영상) 디스플레이 너머로 도끼눈을 한 채 현을 보고 있었다. 현은 '오늘 아침에 쟀던 체중은 또 어떻게 알고 있느냐'고 물어보려다가 그만두었다.

현은 키가 큰 편인 데다 타고 난 골격도 굵고 튼튼했다. 겉보기엔 건강해 보이는 것도 사실이었다. 그러니 입버릇처럼 '과체중은 뼈가 굵어서 그런 것'이라며 너스레를 떨면서 운동과 식단 조절을 소홀히 하곤 했다.

하지만 그의 생활 습관을 알고 있는 하선은 걱정이 적지 않았다. 현은 늘 "대학 시절에 비해 그렇게 체중이 많이 나가지도 않는다"고 항변했지만, 하선은 도리어 그 이야기가 위험신호로 들렸다. 이른바 마른 비만, 즉

근육이 빠져나간 만큼 내장지방이 차올라오고 있다는 의미로 여겨져 늘 마음이 답답했다.

"정 걱정되면 오후에 병원에 가볼 테니까. 토요일이지만 예약을 오전에 잘 잡으면……."

"어유. 그 방법은 이야기 안 하면 안 돼요?"

하선은 결국 짜증을 냈다.

"나도 매일 시간 내서 운동하고 싶어. 하지만 실험데이터 체크할 것이 밀리기 시작하면 뒷감당이 안 된단 말이야. 내가 맡은 프로젝트가 몇 개인지 알고 있잖아."

"작은 것부터 하면 되잖아요. 우선 그 크루아상부터 두 개 줄여요."

하선은 다시 달래듯이 말했다.

적정 체중을 유지하고, 운동을 꾸준히 계속하는 것은 건강을 지키는 기본이다. 1970년대부터 알려진 상식을 모르는 사람은 거의 없었다. 여기서 더 나아가 생명과학자들은 그 뒤에 숨어 있는 인체의 비밀까지 풀어내려고 했다. 운동할 때 몸속에서 어떤 일이 일어나는지, 혈액과 세포 속 성분이 어떻게 바뀌는지, 그 성분이 몸에 어떤 영향을 미치는지를 몇십 년에 걸쳐 차근차근 밝혀내 온 것이다. 이런 노력은 노화나 사고, 질병 등으로 운동을 할 능력을 잃어버려 점점 더 건강이 나빠질 수밖에 없는 사람들에겐 큰 도움이 됐다.

관련 연구는 5년 전인 2030년으로 거슬러 올라간다. 인체가 운동을 하면 생겨나는 성분, 이른바 '운동 인자'를 정량적으로 계측할 수 있게 됐다. '혈액 검사 시약'이 등장한 것이다. 처음엔 개인에게 꼭 맞는 운동치료 방법과 강도를 결정하는 데 쓰였지만, 점차 사람들은 그 응용 방법에도 눈을 떴다. 관련 분야 연구개발은 물론 관련 기술을 이용한 의약품 개발도 급속도로 성장하기 시작했다. 결국 이 기술은 알약 형태의 '운동캡슐' 개발로 이어졌다.

주변에선 '운동선수 누가 운동캡슐을 먹고 있다더라.' '부쩍 날씬해진 연예인 누군가가 이 캡슐로 효과를 봤다더라'는 식의 이야기가 자주 들렸다. 실제로 이 캡슐을 먹으면 운동한 효과를 얻을 수 있다. '2HR'이라고 적힌 알약 한 알을 먹으면 두 시간 동안 운동한 효과를 얻는 식이다. 인체 활력이 늘어나고 혈관이 튼튼해지며, 근육 손실마저 막아 주니 노인들에겐 적지 않은 도움이 됐다. 대사량이 늘어나 체중감소 효과도 기대할 수 있었다. 하지만 전문의의 처방이 있어야만 먹을 수 있었다.

하선은 현이 이런 약에 눈독을 들이는 게 영 못마땅했다. 약으로 건강을 유지하려는 태도가 못내 언짢았다. 10여 년 전 완전히 실용화된 '먹는 인슐린'만 있으면 당뇨병 환자도 큰 불편 없이 생활할 수 있다. 하지만 당뇨병에 걸리지 않은 사람과, 이미 걸린 사람이 약을 먹으며 건강을 유지하는 것을 같은 선상에 놓고 볼 수 없다고 하선은 생각했다. 반대로 실용주의자인 현의 생각은 하선과 달랐다. 알약 하나로 운동하는 데 드는 시간과 노력을 줄일 수 있다는데, 체중을 줄이라고 매일 잔소리를 하면서도 병원은 왜 가지 말라고 하는지 하선의 마음이 이해가 가지 않았다.

그날 오후, 아침부터 하선과 실랑이를 벌이느라 조금 토라진 현은 욱

하는 마음이 동해 결국 혼자 병원을 찾았다. 그는 몇 가지 굵직한 연구에 성공하면서 대중에 이름이 알려진 스타 과학자 중 한 사람이다. 비만과 관련이 있는 약물 때문에 병원을 찾았다는 사실이 알려져서 좋을 일은 없었다. 어느 병원을 갈까 잠시 고민하다 의사로 일하고 있는 친구 김형진을 찾았다. 간단한 검사를 받고 진료실에 들어서자 형진은 흰 가운을 입고 그를 기다리며 서 있었다.

"오랜만이네. 운동캡슐 처방받겠다고 뇌신경외과로 오는 건 너뿐일 거야. 잠깐 앉아봐."

형진은 그의 의료 정보를 띄워 둔 투명 태블릿 PC의 화면을 획획 넘기면서 말했다.

"바쁜데 미안해. 맘 편하게 찾을 사람이 너밖에 없어서. 저번에 몸살로 집 앞 병원에 갔을 때는 현수막이 내 걸렸다고. '생명과학자 강현도 믿고 찾는 ○○병원'이라고 쓰여 있었어."

"하하. 진짜야? 걸작인데. 우리도 해 볼까?"

"농담하지 말고. 전화로 잠깐 이야기했던 건 말인데, 그 약 나 먹어도 돼?"

"잠깐만. 음, 신체 활력 수치가……. 안 되겠는데. 넌 아직 이런 약 먹을 단계는 아니야."

"왜? 운동선수나 연예인들도 그 약 먹는다던데?"

"그건 불법이잖아. 몰래 구해서 먹다가 발견되니까 자꾸 뉴스에 나오는 거지."

"그럼 건강한 사람은 그런 약을 못 먹게 법으로 막아 놓았다는 거야?"

"응. 아마 약이 워낙 좋아서 그런 건 아닐까?"

"약이 좋은데 왜 못 먹게 해?"

현은 의아해서 물었다.

"의료서비스의 형평성 문제겠지 뭐. 내가 봐도 의학적으로 크게 위험하진 않아. 사람 몸속에서도 자연히 생겨나는 성분이니까. 하지만 이런 약이 제약 없이 쓰이면 건강한 사람들의 평균적인 체력도 껑충 올라간다는 뜻이 되거든. 그럼 정작 몸이 안 좋아서 치료를 받고 겨우 정상인 수준에 다가가려는 사람들의 사회적인 차별은 해소되지 않을 수 있잖아."

"아……."

"그래서, 안 됐지만 환자님은 이 약 못 드십니다. 대신 관련 기술을 응용해서 조금 도움을 드릴 수는 있는데 어떻게 하시겠습니까?"

형진은 너스레를 떨며 말했다.

"어떤 도움?"

"약을 먹지만 않으면 되니까. 그 전 단계에 시행하는 성분 진단을 이용하는 건 가능해. 몸 상태를 정확하게 확인하면 식단 조절이나 하루 운동량을 계획할 때 도움이 될 거야."

"어휴. 결국은 굶고 운동하라는 이야기구나."

"당연하지. 그것보다 확실하고 좋은 방법은 없어."

현은 아쉽게 병원에서 나와 자율주행차를 타고 집으로 돌아가고 있었다. 뒷자리에 앉아 시트에 몸을 기대고 있을 때 하선의 영상 통화가 들어왔다.

"병원에서 뭐라던가요? 그 약 먹으래요?"

"아니. 나는 아직 먹으면 안 된다고……. 잠깐만. 내가 오늘 병원에 간 건 또 어떻게 안 거야?"

현은 깜짝 놀라 자동차 시트에서 몸을 일으키며 물었다.

"지난 주말에 자기가 홈오토메이션 시스템 업그레이드하면서 나한테다 맡겼잖아요. 비밀번호 알려 준 것도 자기였고, 기억 안 나요?"

"아. 가사 관리용 인공지능 시스템이 자기한테……."

"아까 토라져서 나갔길래 걱정했는데 마침 병원 갔던 의무기록도 올라와서 봤어요. 아침엔 토스터 설정이랑 스마트 체중계 기록을 봤을 뿐이고."

"계속 그렇게 감시할 생각이야?"

"설마. 그저 당분간 주방이랑 아파트 단지의 운동센터 연동 기록만 보고 싶을 뿐이에요. 83kg, 아니 82kg 밑으로 내려가기 전에 비밀번호 바꾸면 안 돼요. 알았죠?"

"휴. 알았어요. 알았다고. 살 빼면 될 것 아니야."

현은 아침 식사를 조금밖에 하지 못해 허기진 배에 한 손을 올려둔 채 조금 서글픈 목소리로 말했다.

건강한 지키는 가장 좋은 방법

건강을 지키는 방법 중 가장 좋은 것은 역시 운동을 꾸준히 하는 것이겠지요. 나이가 들수록 특히 그렇습니다. 정기적으로 꾸준히 운동하고 표준 체중을 유지하는 사람이 성인병이 시달리는 경우는 주위에서 보기 힘들어요. 문제는 체력을 기르기 위해 운동을 하는 데도 최소한의 체력이 필요하다는 점입니다. 근력이 극도로 쇠약해진 노인, 휠체어나 침대에서 일생을 보내야 하는 장애인 등은 운동을 하는 것 자체가 매우 힘들고 어려운 일이지요. 결국 그들은 건강이 점점 악화되는 악순환에 빠져들 수밖에 없습니다. 최근에 이런 문제를 첨단 의학기술로 해결할 방법이 연구되고 있는데 약만으로 운동 효과를 기대할 수 있는 약, 이른바 '운동 약물'이 개발되고 있기 때문입니다.

이런 연구가 주목받기 시작한 건 2008년부터입니다. 미국 솔크연구소 연구진이 'GW1516'이라는 단백질 합성 물질을 만들어 발표하면서 대중에 알려졌지요. 이 약물을 먹은 실험용 쥐는 다른 쥐에 비해 77% 더 오랜 시간을 달리고, 68% 더 많은 거리를 달릴 수 있는 '건강한 쥐'로 거듭나게 됩니다. 이 밖에 'AICAR'이라는 합성물질도 있는데 이 약물을 먹은 쥐는 보통 쥐에 비해 23% 더 오래, 44% 더 멀리 달릴 수 있었습니다.

이 두 약물은 사실 비공식적이지만 인간에게도 이미 쓰이고 있습니다. 운동선수 등이 경기력을 극대화하기 위한 '도핑'의 수단으로 사용하다 발각되는 경우도 적지 않지요. 물론 금지 약물이지만 이런 점을 들어 새로운 치료제로 허가를 받을 수 있을지 기대를 얻고 있습니다.

이런 약물의 기대 효과로는 어떤 게 있을까요. 크게 두 가지 입니다. 운동을 하지 않아도 최소한의 운동효과를 얻을 수 있고, 쇠약한 사람에겐 운동을 시작할 수 있는 최소한의 체력을 회복할 수 있게 합니다. 다만 사람에 적용하기에 앞서 완전한 안전성을 확보하기 위해 철저한 임상실험을 거쳐야 하고, 그에 앞서 실험용 세포의 개발, 병원에서 사람에 투여할 때 필요한 혈액 검사 키트 등의 개발도 필요하지요.

그럼 이런 약이 언제부터 나온다는 걸까요. 국가생명공학정책연구센터의 2019년 미래 생명과학 기술예측에 따르면 앞으로 10년 정도면 기술이 실용화 단계에 이를 거라고 보고 있습니다. 우선 실제 약물로 쓸 수 있는 근거를 마련하는 데 약 5년 정도가 필요하며, 이를 응용해 진단키트 개발 및 실제 약품 개발 등에 추가로 5년 정도가 걸리니, 합쳐서 10년입니다. 다만 병원, 의원 등으로 보급되고 제도 등을 보완해 모든 사람이 혜택을 보려면 다시 몇 년 정도의 기간이 필요한 경우가 많습니다. 따라서 대략 15년 정도면 우리 일상에서 볼 수 있을 것으로 보입니다.

다이어트를 꿈꾸는 사람들에겐 대단한 희소식이 될 수 있을 것 같지만 실제로 다이어트에 이런 약을 무조건 허용하는 것이 옳은지에 대해서는 의견이 많이 있답니다. 소설에서 보면 건강한 강현 박사가 이 약으로 살을 빼 보려다가 의료법상 안 된다고 해서 실망하며 나오는 모습을 볼 수 있지요. 이처럼 모든 사람이 자유롭게 투여하는 것보다는 전문가가 건강과 윤리적 필요성을 판단해 약을 쓸 수 있어야 합니다. 예를 들어 이런 약을 구입할 돈이 없는 사람은 운동이나 업무 능력이 타인에 비해 떨어질 수밖에 없는데, 그렇게 되면 결국 새로운 차별로 이어질 수 있기 때문입니다. 군인, 경찰, 구조대원 등 특수한 경우를 제외하면 건강한 사람에게는 사용하는 것을 제한할 필요가 있겠지요.

운동 약물은 사람의 건강을 지킬 수 있는 유용한 수단이 될 수 있습니다. 무엇보다 노년층의 건강 유지에도 큰 도움이 되길 기대해 봅니다.

알아 두면 좋은 핵심 요약

+ 먹으면 운동을 한 것과 비슷한 효과가 나는 약물이 존재합니다.
+ 이런 약을 '역노화성 운동모방 약물', 혹은 그냥 '운동모방 약물'이라고 합니다.
+ 이런 약이 개발된다면 그 보급에는 명확한 규칙이 필요할 것 같습니다. 아무나 사용할 수 있다면 새로운 불평등을 낳아 사회 문제가 될 수 있기 때문이지요.

생명의 은인(2040년)

"김수민 박사 어떻게 된 거야? 오늘부터 출근 아닌가?"

얼마 전 중국 상하이 파견근무를 마치고 돌아온 김수민 국가생명정보기술원 연구원. 복귀 후 며칠이 지난 어느 날 아침 8시 30분, 아침 회의가 끝나도록 그녀의 모습은 어디에도 보이지 않았다. 늘 그랬던 것처럼 오늘도 지각임이 확실했다.

"해외 근무 끝나고 철이 좀 드나 했더니, 이거야 원."

그녀의 담당 '사수'였던 최영일 박사가 결국 혀를 끌끌 차기 시작했다. 늘 하던 지각이라고 생각하면 별다른 일도 아니다. 하지만 직속 상사인 강현 단장은 어딘가 불안한 마음이 들었다. 현은 결국 그녀에게 '강제 음성 전화'를 걸었다.

2030년대를 지나면서 전화 통화는 사람을 직접 옆에서 보는 것과 비슷할 정도로 생생해졌고, 일반 음성 통화조차 사전에 메시지 등으로 약속을 한 다음 걸 수 있었다. 다만 가족 등은 '직통 번호'를 이용해 화상 전화도 자유롭게 걸 수 있고, 직장 동료 등 업무상 빠른 통화가 필요한 사람은 서로 약속 하에 '강제 음성 전화'를 걸 수 있었다. 그렇다고는 해도 긴급을 요하는 일도 아닌데 직통 전화를 거는 것은 사회적인 예의에 크게 어긋나는 일이었다.

"아. 여, 여보세요."

"김수민 박사? 걱정돼서 강제 콜을 했습니다. 혹시 어딘가 몸이 안 좋습니까?"

"단장님. 아. 지금 몇 시예요? 어머. 죄, 죄송해요. 지금이라도 바로 출근을……."

수민은 몸 상태가 좋지 않은 듯 했다. 입으로는 당장 출근할 것처럼 말하면서도 몸을 가누질 못했다. 누워있던 자리에서 일어날 기운도 없는 듯, 상체를 조금 일으켜 보려다 다시 쓰러지듯 눕고 말았다.

"김수민 박사? 수민 씨? 들려요?"

수화기 너머로 풀썩하는 소리마저 들리자 현이 다급하게 물었다.

"미안해요. 아프진 않은데 계속 기운이 없고……. 아 다리가 왜 이러지……."

"다리요? 팔은 어때요? 열이 나나요? 다른데 어디 안 좋은 곳은 없고요?"

"괜찮아요. 팔은 조금 뻐근해요. 늦잠을 자서 이러나. 힘이 없어서……."

"휴. 어쩔 수 없지요. 오늘은 푹 쉬고, 아니 잠깐, 잠깐만요."

현은 통화를 종료하려다 수화기를 그대로 들고 조금 생각해 보았다. 그는 의사가 아니었지만 일생 생명과학연구를 하며 살았다. 수민의 증세를 가볍게 보긴 어려울 것 같았다. 말투는 어눌했고, 중증 근무력증 Myasthenia gravis. MG 증상도 의심됐다.

"수민 씨. 지금 상태가 좋아 보이지 않아요. 가지고 있는 단말기에서 건강측정수준 기능 '최대한 허용'으로 켤 수 있을까요? 힘들어도 해 보세요."

"잠시만요. 켰어요……."

"침대에 '메디케이션 오토' 연결돼 있죠? 복지 차원에서 연구소에서 전 직원에게 지급한 것 말이에요. 충전제의 유효기간엔 문제없나요?"

"예……. 처음 받은 것이 그대로 들어있는데 저는 일을 시작하고 아직 몇 달 되지 않아서……."

"오늘은 연구소에 나오지 않아도 괜찮아요. 제가 연구소 전담병원 의료팀에서 연락할 테니, 조금 있다가 원격 검진을 받으세요."

"예……. 그런데 저 진짜 많이 안 아픈데요……. 힘이 좀 없는 것 빼고……. 조금만 있으면……."

"말 들어요. 좀."

"예……."

현이 답답하다는 듯 큰 목소리로 말하자, 수민은 하려던 말을 삼키곤 다시 베게 위에 힘없는 머리를 내려놓았다.

MA는 가정용 소형 의료장치다. 2030년경 '디지털 치료제' 개념이 완전히 실용화된 이후, 최근 수년 사이에 등장해 빠르게 보급되고 있었다. 과거 구형 정보단말기(당시엔 스마트폰이라고 불렸다) 등에서는 제한적으로 사용하던, 치료 효과가 있는 '응용프로그램(앱)'을 이용하는 '소극적 디지털 치료'가 기본적으로 가능하고, 각종 기계장치를 연결하면 전기 및 물리적 자극을 줄 수 있는 '적극적 디지털 치료'까지 모두 가능하다.

최신형 장치들은 놀랍게도 필요한 실제 약물의 자가 조제 기능까지 갖고 있었다. 화학적 조성을 가진 약물 대부분을 합성할 수 있고, 항체나 단백질을 기반으로 한 약물은 어렵지만 유전자치료제 등 한정적인 생체물질을 이용한 치료제는 가능하게 되었다. 별도의 '원격진료 면허'를 가진 의사는 MA에 처방을 보낼 수 있는데, 암호화 된 디지털 신호를 받아 수백 가지의 저장된 기본 화합물로부터 수십만 가지의 약물을 합성해 낼 수 있고, 수백 종류의 천연물 라이브러리를 함께 조합하여 최적의 약을 조제할 수 있다. 심지어 최신형 MA에서는 내부에 수소 저장 캡슐과 함께 넣어둔 황Sulfur, 인Phosphorus, 칼륨Kalium 등의 기본 원소 물질을 대기 중의 질소, 산소 등과 반응시켜 거의 무한한 종류의 먹는 약을 그 자리에서 조제해 낸다. 아직은 소수의 부유한 장기 요양환자들이 사용하는 고가 제품이지만 연구소에선 직원 복지 및 사용자 데이터 수집 목적으로 모든 직원들에게 MA를 제공하고 있다.

잠시 시간이 지나자 수민 앞으로 영상 통화가 걸려왔다. 병원 의료진이었다. 16K에 달하는 고화질 입체 영상을 이용하면 바로 앞에서 눈으로 들여다보는 것보다 더 정확하게 안색이나 피부 등을 살펴볼 수 있다. 손

으로 만져 보지 못하는 것은 단점이지만, 적어도 2040년 현재 '원격의료
는 대면진료에 비해 불안하다'고 말하는 사람을 찾기는 어려웠다. 침대에
누운 채로 이런 고화질 영상 전화를 받자니 조금 창피해진 수민은 이불
을 바짝 끌어당겼다.

"안녕하세요. 오성의료재단 뇌신경외과 과장 김형진입니다. 강현 단장
이 꼭 저보고 봐 달라고 하더군요. 일반 내과의사는 놓칠 수도 있다고 하
면서."

"아……. 예."

"병원에서 개인 단말기로 인증신호가 갈 거예요 수락 좀 눌러주세요. 손
목에 삽입돼 있는 스마트칩과 침대 옆 MA 상태를 좀 확인해야 해서요."

"예. 잠시만요……."

수민은 기운이 없는지 느릿느릿 움직이며 겨우 의사의 요구에 응하고
있었다. 누가 봐도 정상으로 생각하기엔 어려워 보였다. 형진은 수민의
손목 칩에서 보내온 기본 생체 정보를 들여다보고, 안색과 행동을 살폈
다. 그러다 결국 눈살을 찌푸리며 작게 '쯧' 하고 소리를 냈다. 눈치가 심
상치 않아 보이자 수민이 입을 열었다.

"저기……. 제가 많이 아픈 걸까요?"

"지금 원격으로 알 수 있는 정보는 체온과 맥박, 혈압, 신경전도, 근전
도 정도예요. 자세한 건 병원에 오셔서 뇌척수액 검사와 혈청 검사를 해
보아야 단정할 수 있겠지만, '길랭-바레 증후군 Guillain-Barre Syndrome'이 의심
됩니다."

"예? 제가 왜 그런 걸……. 그거 불치병 아닌가요?"

"해외에 다녀왔다고 들었는데, 맞나요?"

"예. 하지만 저는 어제 까지도 아무런 문제가……."

"급성으로 생기는 일이 많습니다. 스트레스가 많은 환경에서 고생하셨다고 들었는데, 이게 본래 면역 질환이거든요. 그리고 박테리아나 인플루엔자나 코로나 등 소위 감기 계열 바이러스 감염이 트리거가 되기도 해요. 해외에 계실 때 본인도 모르게 감염되셨을 것 같아요."

길랭-바레 증후군은 갑작스럽게 발병해 빠르게 진행되며, 근육을 움직이게 하는 운동 신경에 염증이 생겨 차츰 운동 기능을 잃어가는 병이다. 숨 쉬는 데 필요한 호흡근마저 공격해 숨을 쉬기 어려워지면 목숨이 위험해질 수 있다. 생각지 못한 통고를 받고 단순히 '피곤해서 늦잠을 잤다'고 생각하던 수민은 황당한 기분과 불안한 마음을 동시에 느끼고 있었다.

"너무 염려하진 않으셔도 돼요. 꼭 치료가 안 되는 것도 아닌 데다 다행히 몇 년 전부터 새 유전자 치료법이 나와 있으니까."

"예……."

"문제는 당장 치료를 시작하셔야 한다는 건데, 우선 급한 처방을 MA로 보내드릴게요. 면역세포의 신경 공격을 차단하는 약입니다. MA로 보실 수 있는 신경 안정 디지털 치료제도 보내드릴 테니 밤에 사용하시고요. 아마 당장 오늘 밤부터 좀 괜찮게 느껴지실 거고, 거동도 어느 정도 가능할 거예요. 하지만 일시적인 거니 아침에 바로 병원으로 나오셔야 해요."

******

집에서 하루를 쉰 수민은 이튿날 바로 병원으로 출근해야 했다. 석박사 과정 때부터 홀로 살고 있던 그녀는 예상치 못하게 몸이 아플 때가 가장 서러웠다. 병원에 도착한 수민은 필요한 각종 검사를 받고 입원 수속도 마쳤다. 형진은 일주일 정도는 꼬박 치료를 받아야 하고, 퇴원 후엔 곧 일상 생활을 할 수 있지만 완치를 위해 반년 정도 통원 치료나 원격 치료가 필요하다고 했다. 팔에 링겔을 꽂은 채 입원실에 누워야 했지만, 사실 이 정도로도 다행이었다. 현이 시키는 대로 하지 않았다간 크게 위험할 수 있었다.

"도대체 단장님은 정체가 뭐지? 어떻게 저렇게 뭐든 다 알고 있는 거야?"

수민은 자기도 모르게 중얼거렸다.

그날 저녁. 퇴근 시간이 가까워져 오자 수민은 현에게 먼저 연락을 할까 잠시 망설이다가, 우선 사수인 최영일 박사에게 화상 전화를 걸었다. 입원 상황을 보고하기 위해서였다. 통화가 연결되자 영일의 뒤편엔 같은 실험실 사람 대부분이 서 있었다. 아마도 전화가 오자 다들 우르르 몰려온 것이 분명했다. 사고뭉치라고 구박하던 동료들도 모두 함께 서 있었다.

"와. 전부 다 계시네요. 고마워요."

수민은 또 글썽거리면서 말했다.

"나는 병문안을 가자고 했는데, 다들 '몇 십 년 전 문화도 아니고 요즘

누가 병원까지 환자 보러 가냐고' 해서. 수민 씨 전화 오길 모두 기다리고
있었어요."

최영일 박사가 말했다.

"예? 제가 전화할 걸 어떻게 아셨어요?"

"단장님이 수민 씨가 저녁쯤 전화할 것 같다고 하시던데? 단장님하고
오전에 연락한 것 아니야?"

"아, 아니에요. 놀랍네요. 단장님이 정말 대단하신 분 같아요."

영문을 모른 채 갸웃거리고 있는 최영일 박사를 눈앞에 두고 수민은
정말 신기한 일이라는 듯 중얼거렸다.

컴퓨터나 스마트폰을 쓰지 않는 사람은 없을 것 같습니다. 이런 것들을 '디지털 장비'라고 부르지요. 보통 컴퓨터 연산의 최소단위인 이진법(0과 1로만 계산)을 통해 정보를 처리한다는 뜻입니다.

현대에는 글자, 그림, 조금 더 나아가 음악이나 영상까지 숫자로 계산할 수 있는 것들은 빠르게 디지털화되어 왔습니다. 최근엔 이런 디지털 개념이 환자를 치료하는 '치료제'의 영역까지 적용되기 시작해서 놀라움을 더하고 있습니다.

우선 알아보아야 할 것이 스마트폰 애플리케이션(앱)입니다. 앱으로 치료제를 만든다니 이게 무슨 말일까 싶지만 실제로 사실입니다. 최초의 디지털 치료제는 2017년 미국식품의약국FDA의 허가를 처음 받은 '리셋ReSET'입니다. 알콜, 코카인 등 약물 중독과 의존성 치료에 효과가 있다고 합니다. 알약 같은 치료제가 아니라 스마트폰을 이용해 다양한 훈련을 하며 이를 기록하는 프로그램이죠. 즉 상담사들이 진행하는 '인지행동치료Cognitive behavioral therapy, CBT'를 스마트폰으로 제공하는 프로그램입니다. 일반 치료제와 똑같이 의사의 처방도 받아야 하죠. 그 이후 게임이나 상담프로그램 형식의 치료제가 계속 등장하고 있습니다.

　이런 디지털 치료제가 더 먼 미래에 점점 발전하면 소설 속 주인공 '수민'이 사용하는 장비처럼 발전할 수 있습니다. 현재의 디지털 치료제는 스마트폰으로 환자의 의지력 개선이나 재활치료 등을 돕는 등의 방법이 대부분이죠. 미래는 이 단계를 넘어, 실제로 사람의 생체현상을 조절하는 단계에 이를 것으로 기대하고 있습니다.

　우선 별도의 자극 장치를 이용하는 방법이 기대되는데요, 머리에 쓰는 전용 헬멧 등을 이용해 전기나 빛, 소리 등의 자극을 보내는 식이지요. 이 방법은 자율신경계 이상 등의 치료 등에 실제로 사용 중이니 지금보다 한층 더 적극적으로 치료를 할 수 있게 됩니다. 체내 특정 유전자 활성화 효과 등도 어느 정도 기대할 수 있게 되겠지요.

　여기서 더 나아가면 실제로 약물을 사용하는 것도 불가능하지 않습니다. 만성질환 환자라면 전기 자극을 줄 수 있는 작은 기계 장치나 약물을 배출할 수 있는 카트리지catridge 등을 체내에 삽입하는 경우가 많은데, 이럴 때는 디지털 치료제를 처방하면서 실제 약물을 동시에 사용하는 것이 가능해집니다. 파킨슨병, 우울증, 관절염이나 크론병은 물론 당뇨나 천식 등 다양한 난치성 질환의 치료 및 관리도 가능합니다. 여기서 더 발전한다면 몇 가지 기본 화합물을 가지고 있던 카트리지를 통해 순식간에 약물의 조제 및 투여가 가능해지겠지요.

　디지털 치료제는 원격의료의 발전과 함께 앞으로 점점 더 적극적으로 도입될 것으로 보이는 차세대 첨단 의료 중 하나랍니다. 현재 디지털 치료제는 특히 약물중독, 정신과 및 신경치료 등에 적용되고 있으며, 향후 기술의 개발을 통해 보다 다양한 질환에 대한 치료도 기대할 수 있게 됐습니다. '디지털' 기술을 통해 어디서든 원격으로 처방과 함께 치료까지 가능해지는 세상이 이제는 그리 멀지 않은 셈입니다.

 알아 두면 좋은 핵심 요약

+ 디지털 치료제는 본래 치료 효과가 있는 앱, 게임 등을 만드는 것을 뜻했습니다.
+ 가까운 미래에는 전기나 빛, 소리를 디지털 신호로 보내 환자에게 자극을 주는 치료법이 등장할 듯합니다.
+ 앞으로 시간이 많이 흐른다면 의사의 원격 처방을 디지털 신호를 통해 집에서 받는 것도 가능해질 날이 언젠가는 올 것 같습니다.

무거운 어깨(2040년)

권하선 국가생명과학기술원 데이터팀장과 연구 기관 기술지원단장 강현은 부부 사이다. 두 사람이 서로를 생각하는 마음의 크기는 가늠하기 어려울 정도로 큰 것이었지만, 결혼 후 눈앞에 쏟아진 현실은 그리 녹록하지 않았다.

현은 스스로 '가정에 충실하다'고 생각해 왔다. 자동화되지 않은 가사는 거의 없는 세상이 됐지만 그럼에도 사람의 손은 반드시 필요했다. 현은 늘 '가사에 대해선 잘 모르니 하선을 최대한 도와야 한다'고 생각했다.

하선과 현의 차이는 여기서 생겨났다. 어떤 날은 현이 하선보다 가사에 더 애를 쓰는 날도 많았다. 그러나 현에게 그런 일은 어디까지나 '오늘은 아내를 많이 도운 날'이었다. 그런 현에게 하선은 늘 아쉬움을 느꼈다. 조금 더 가정의 일을 책임감 있게 생각해 줬으면 싶어 답답했다.

어제만 해도 그랬다. 첫째 아이는 이미 4살, 조금 있으면 유치원을 갈

나이다. 하선은 짬나는 대로 아이를 위해 여러 가지 정보를 모아 지금껏 구상했던 아이의 교육 방침, 그리고 그 시작이라고 할 수 있는 유치원 등교에 대해 두 시간 가깝게 공을 들여 현에게 설명했다. 하지만 묵묵히 듣던 현은 마지막에 "당신이 그냥 알아서 해"라는 한 마디로 일축해 버렸다.

현의 이런 무신경함에 뾰로통해진 하선은 다음 날 새벽 '아이들 좀 챙겨줘요. 일찍 출근할게요'라는 짧은 메신저 하나만 남기고 홀로 먼저 집을 나서고 말았다. 현은 잠에서 깬 다음에야 뒤통수를 긁으며 '이거 뭔가 단단히 화가 났네' 싶어져 당황스러워하고 있었다.

그러나 아무리 생각해도 자기가 뭘 잘못했는지 알기 어려웠다. 매일 아침 현과 하선은 나란히 두 아이를 데리고 집을 나서곤 했다. 아이들을 어린이집에 데려다 준 다음 출근하기 위해서였다. 현은 오늘 아침 이 일을 혼자 해야 했다. 둘째 아이는 왼팔로 안고, 첫째 아이는 오른손으로 잡은 채 집을 나섰다.

겨우 출근한 현은 종일 데이터팀 앞을 일부러 기웃거렸다. 하선의 눈치를 살피기 위해서다. 뭔가 불만이 있으면 정확하게 말을 해 주고 서로 결론을 내면 될 일인데, 왜 저렇게 '내가 무엇 때문에 기분이 나쁜지 먼저 깨닫지 않으면 용서치 않겠다'는 표정으로 험악하게 앉아 있는지, 현은 도저히 이해할 수가 없었다.

집안일이 불안정하면 직장이라도 평안하면 좋겠건만 실상은 그렇지 못했다. 김수민 연구원은 오늘 아침에도 지각을 했고, 어제 실험 일지를 잘못 입력하고 퇴근한 것 때문에 오늘 실험에 오류를 만들어 연구실 전체를 발칵 뒤집어 놓았다. 고참 연구원인 최영일 박사도 독불장군격인 성격 때문에 계속 문제를 일으켰다. 앙숙이던 수민과는 최근 관계에 균형이 생겨 비교적 원만했지만, 또 다른 신입연구원 한 사람과 사무실이 떠나가라 논쟁을 벌여 연구실 분위기를 살얼음판으로 만들어 놓았다. 이런 일을 하나하나 다 조율하고 있자니 현은 머릿속이 노래질 지경이었다. 이미 퇴근시간이 다 되었건만, 현은 자신이 맡고 있는 연구 과제를 하나도 진행하지 못했다.

"도대체 형님은 단장 시절에 이 많은 일을 혼자 다 어떻게 해치운 거야?"

현은 현재 원장으로 있는 나형욱 박사를 떠올리며 혼자 중얼거렸다.

그날 저녁, 퇴근시간이 되자 현은 하선에게 '아이들을 데리고 먼저 퇴근해 줄 수 있느냐'고 묻기 위해 직통전화를 걸었지만 하선은 받지 않았다. 혹시나 싶어 어린이집에 연락해 보니, 하선이 아이들을 데리고 먼저 퇴근했다고 했다. 비록 부부싸움 중이지만 일이 많아 보이는 자신에게 아이까지 맡길 수는 없다고 생각한 하선의 작은 배려라는 생각이 들었다.

* * * * * *

그날 저녁, 홀로 연구 일정을 어느 정도 정리한 현은 자리에서 일어나려고 홀로그램 화면 곳곳에 흩어진 파일들을 모아 정리하기 시작했다. 그러던 현의 눈에 낯익은 공유 폴더 하나가 들어왔다. 특별히 '검정색' 폴더 옆에 작은 'N New' 로고가 깜빡거리는 것이 눈에 들어왔다. 연구소에서 단장급 이상 보직자들에게 우선 공개할 정보들이 들어있는 폴더다. 현을 비롯해 연구소 내 몇 사람만 이 폴더를 열어 볼 수 있다. 이 폴더엔 며칠 전 진행한 전 연구원 대상 혈액 검사 기록이 새로 올라와 있었다.

문득 자신의 검사 결과가 궁금해진 현은 검사 결과표를 전자서류에 옮겨 담아 읽기 시작했다. 아직 의료진의 공식 코멘트가 첨부되기 전인 듯, 검사수치만 알아보기 힘든 약어와 숫자로 기입돼 있었다. 그러나 생명과학 및 의학 분야 연구가 특기인 현은 이런 의료 정보를 별 어려움 없이 읽었다. 현은 한참 자신의 검사수치를 읽다가 나지막하게 탄식을 내뱉었다.

"휴. 왜 하필 이런 상황에."

아내와 싸우고, 직원들에게 휘둘리고, 스스로 천재라고 자부하던 연구 분야에서도 진척까지 더딘 상황에서 건강에도 적신호가 켜졌다는 소식이 보인 것이다. 현은 갑자기 한없이 우울한 기분이 들었다. 그는 입을 굳게 다물고는 스마트 안경을 고쳐 쓰고 연구원 나형욱 원장에게 전화를 걸었다.

"형님. 접니다. 현입니다."

"웬일로 대뜸 형님이래. 무슨 일 있어?"

"오늘은 여러모로 형님 생각이 많이 나서요. 옛날에 췌장암 걸리셨을 때 기억나세요?"

"갑자기 왜 엉뚱한 소리를 해. 그때 덕분에 치료 잘 하고 고마웠지. 왜 그래? 어디 아파?"

"오늘 직원 혈액 검사 수치가 나왔는데, 종양 수치가 높게 나와서요."

"뭐? 그래? 어떤 종류인데? 암종이 뭔데?"

나 원장은 염려가 돼서 물었다.

"이게 좀 골치가 아프네요. 다행히 다른 장기로의 전이는 아닌 것 같은데, 여러 수치로 보아 초기 콜란지오카시노마 cholangiocarcinoma (담관암)로 생각이 돼요. 아시겠지만 지금도 치료가 쉽지 않은 종류입니다. 자세한 건 내일 형진이네 병원에 물어볼게요."

"아……."

이야기를 들은 나 원장이 작게 한숨을 쉬었다.

과거에는 암이 의심이 가면 수술 전 조직 검사, 일명 '생검'이라는 것을 진행하는 경우가 많았다. 쉽게 말해 암이라고 의심되는 부위에서 조직을 조금 떼어내서 이것을 현미경으로 들여다보는 검사다. 이런 검사를 포함해 인체에 발병한 수많은 병을 형태에 따라 구분하고, 학술적으로 연구하는 의학 분야를 '병리학'이라고 부른다.

과거엔 이런 검사에 시간이 걸렸고, 작게나마 사람의 몸에서 조직을 떼어내야 했다. 흔한 일은 아니지만 판독하는 의사에 따라 결과가 다르게 나올 가능성도 있었다. 더구나 암종에 따라서 생검이 용이하지 않은 암종들도 있었다.

2040년 현재 병리 의사의 임상적 지위는 여전히 견고했지만 검사방식은 과거와 차이가 컸다. 생검을 직접 시행하지 않고 혈액 검사로 대체하는 일이 많았다. 혈액 속에 생겨나는 미세한 핵산 조각들을 분석해 암의 정확한 종류까지 알아맞히는 기술, 이른바 '실시간 액체 생검'이 실용화됐기 때문이다. 수술 후엔 최종적으로는 병리 의사의 조직학적 분석을 거친 다음 암종을 확정하지만, 대부분의 경우는 실시간 액체 생검 분석 결과만으로 치료를 시작할 수 있다. 혈액 검사만으로 암을 정확하게 검진할 수 있는 세상에 살고 있는 것이다.

비록 현이 걸린 암은 치료가 쉽지 않은 담관암이지만, 초기 발견 시 수술적 절제술을 통한 생존률이 높았다. 또한 잔존할 수 있는 암세포들에 대해서도 실시간 액체 생검 기반의 환자 맞춤형 항암제 선별을 통해 효과적인 항암치료를 받을 수 있었다.

"형님도 아시다시피 치료 과정에서 혹시 모를 최악의 상황에 대비해 담관이나 간 이식도 각오하고 있어요. 지금부터 제 간세포 제가 떼어내서 오가노이드로 만들고 있을까요? 배양 장치 사용 좀 허가해 주시겠어요?"

현은 쓴웃음을 지으면서 억지로 농담조로 말했다.

"왜 실없는 소리를. 무허가 인체 장기 배양은 불법이야. 정 불안하면 병원에 부탁해서."

"설마 그렇기야 하겠습니까. 그렇다고 해도 병원에서 알아서 하겠죠. 문제는……."

"일 때문에? 지금 일이 문제인가? 치료부터……."

"그 이야기 저도 형님한테 했어요. 꼭 5년 전에요. 말 안 들으셨잖아요."

"……. 자네도 안 들을 건가?"

"형님처럼 하진 않으려고요. 그래서 말씀인데요……."

"말해 보게, 가능한 건 다 들어 주지."

＊＊＊＊＊＊

그날 저녁. 야근을 마치고 집으로 돌아간 현을 하선은 싸늘하게 맞이했다. 아파트 문을 열어 주고 식사는 했냐고 짧게 물어보고는 조용히 손님용 방으로 들어가 나오지 않았다.

현은 짧게 한숨을 쉬고 옷도 갈아입지 않은 채 서재에 앉아 하선에게 이메일을 쓰기 시작했다. 최근엔 애써 편지함을 열어 보아야 하는 '이메일'은 과거의 손편지처럼 구세대 감성이 넘치는 의사소통 방법의 하나로 여겨졌다. 현은 이메일에 [암 발생 확인함. cholangiocarcinoma로 여겨짐. 경우에 따라 입원치료도 필요할 것 같아. 알고 있어요.] 이라는 짧은 문장만을 적고, 새벽에 하선이 볼 수 있도록 예약 발송을 걸고는 잠자리에 들었다.

아침이 되어 눈을 뜨자 하선은 침대 옆에 서 있었다. 자기가 일어날 낌새가 보일 때까지 차분히 기다린 것이 분명했다.

"나한테 화난 거 아니었어?"

"왜 아픈데도 말을 안 했어요. 왜 뭐든 혼자서 그래요. 우리가 남이에요?"

하선은 미안한 마음을 감추려는 듯 일부러 화난 목소리로 말했다.

"나도 어제 알았어."

"……."

"다른 문제도 그래. 모르니까 말을 꺼내지 않는 거야. 무관심한 게 아니고."

현은 일어나 앉으면서 말했다.

하선은 눈물이 고여 그렁그렁해진 눈을 애써 치켜뜨면서 현의 옆 침대 위에 앉았다. 아무 말 없이 조용히 현의 가슴팍을 때리기 시작했다.

현은 그런 하선을 꼭 안으며 말했다.

"내 행동은 당신을 믿는 마음에서 나오는 거야. 당신이 더 잘 아는 문제 같으니 당신이 알아서 하라고 하는 거라고. 화 풀어요. 내가 앞으로 좀 더 노력해 볼게요."

현의 이야기를 듣던 하선은 기껏 참던 눈물이 왈칵 쏟아져 나오는 걸 느꼈다. 눈물은 곧 뺨을 따라 주르륵 흘러내렸다.

"지금 바로 병원부터 가요. 응?"

"갑자기 그러면 어떻게 해. 원장님하고 어제 통화했는데, 일이 많아서 그런 것 같다고 당분간 연구업무를 줄이겠다고 했거든. 오늘은 일단 출근하고, 연구 프로젝트 몇 개는 후배들 나눠 주면 될 거야. 저 지각 대장한테도 몇 개 챙겨 주고. 병원엔 형진이한테 전화해 두면 날짜를 잡아 주겠지."

"치료법은 있는 거예요?"

"요즘 안 되는 게 어디 있어. 좀 까다롭긴 하지만 잘 될 거야. 집에 쓸 수 있는 시간도 늘어나니 나쁘지 않잖아? 우리 아이가 다닐 유치원도 같이 가 보고."

현은 애써 밝게 웃으며 말했다.

병리 의사가 중요한 이유

암 등 여러 가지 질환이 의심되면 병원에선 '조직 검사'를 하는 경우가 많습니다. 주위 사람들에게 물어보니 조직 검사는 오늘 눈앞에서 봤던 의사가 기계를 돌려서 하는 거라고 생각하는 경우가 많더군요.

사실은 병원 내에 병리과라는 과가 따로 있고, 거기서 일을 하는 병리 의사 선생님들이 조직 검사를 해 줍니다. 기계로 분석하는 것이 아니라 현미경으로 꼼꼼하게 살펴보는 검사지요. 그리고 암세포가 발견되면 비로소 수술에 들어가게 됩니다.

병리 의사는 이처럼 환자의 환부에서 나온 조직을 관리하고, 그 조직의 모양이나 색깔 등에 따라 구분하고, 병의 구분 등을 학술적으로 분류하는 이른바 학문적 연구를 중시하는 경우가 많습니다.

임상에서 병리 의사가 맡고 있는 일은 크게 세 가지입니다. 첫째는 이미 말씀드린 수술 전 조직 검사(생검 등), 둘째는 수술 중에 더는 암이 남아 있지 않는지를 확인하기 위해 수술 도중 채취한 조직을 급속하게 얼린 다음 얇게 잘라 현미경으로 살펴보는 수술 중 검사(프로즌 검사)도 병리 의사의 몫이지요. 또 수술 후 떼어낸 암 조직을 얇게 잘라 현미경으로 샅샅이 살피고, 유전자 검사 등 모든 방법을 동원해 정확한 암의 종류를 확진하는 것도 병리 의사의 일입니다. 이런 검사들을 모두 다 합쳐 '병리 검사'라고 하지요.

무슨 말이냐 하면, 병리 의사가 암의 종류를 정확히 알려 주지 않으면 제대로 된 항암제를 쓸 수 없다는 이야기가 됩니다. 즉 수술은 물론, 사용할 항암제의 종류를 확정하는 일까지 모든 과정에서 병리 검사는 빼놓을 수 없는 일입니다. 병리 의사 없이는 암 치료 과정에서 결과를 장담하기 어려운 것이 현실입니다. 만약 여러분, 혹은 가족 중에 암 환자가 있다면 병리 진단

시스템이 뛰어난 병원을 선택할 필요가 있습니다.

하지만 이렇게 중요한 작업임에도 병리 의사의 숫자는 턱없이 부족한 편이지요. 저도 친한 병리 의사 선생님이 여럿 계십니다만, 하루 종일 현미경을 들여다보며 일을 하다가 안과질환에 걸리는 선생님이 적지 않을 정도입니다. 그러니 많은 사람들이 '병리 의사의 일을 덜어줄 수 있는 방법은 없을까' 싶어 많은 연구를 진행 중입니다. 혈액 검사로 생검을 대체하려는 연구, 수술 중 프로즌 검사를 기계 장치로 대신하는 연구 등이 진행되고 있습니다.

물론 수술을 마친 다음 환자 몸에서 떼어낸 암 등의 조직을 다루고, 학술적으로 분류하는 등의 업무는 온전히 병리 의사의 영역이며, 앞으로도 대체하기 어려울 것입니다. 인공지능 등의 도움을 받는 일은 있겠지만 인간이 새로운 지식을 얻기 위해 행하는 '연구 과정'에 가까운 것을 컴퓨터나 로봇에 맡길 수는 없겠지요.

소설에서 주인공 현은 혈액 검사만으로 암의 종류까지 판단하고, 심상치 않은 암 종류라는 걸 알게 되면서 치료에 대비해 과중한 업무를 정리하고, 가정에도 신경을 쓰기 위해 노력하는 장면이 나옵니다.

+ 병원에는 조직 검사를 포함해 여러 가지 검사를 진행하는 '병리 의사' 선생님들이 계십니다. 기계로 하지 않으며, 주로 현미경을 사용합니다.
+ 병리 검사 과정을 자동화하기 위한 연구가 다수 진행 중입니다.
+ 그중 혈액 검사만으로 수술 전 암의 유무와 암종 판단까지 가능한 '실시간 액체 생검' 기술이 미래에 중요한 기술로 주목받고 있습니다.

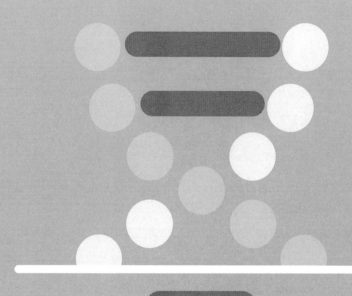

PART 3

바이오,
지속가능한 세상을 만들다

Chapter 6

지구를 지키는
바이오

과학이 발전하고 산업이 고도화되면서 우리는 또 다른 문제에 부딪히게 됐습니다. 바로 환경오염 문제지요. 지금까지 지구 환경은 크게 손상되었고, 앞으로는 그 속도를 늦추기 위해 노력해야 할 때인 것은 분명한 사실입니다. 그중에서 생명과학, 이른바 바이오 연구자 및 바이오 산업 분야에서 해야 할 일은 과연 어떤 것들이 있을까요?

그녀가 지구를 지키는 방법(2035년)

"강현 박사, '메르스'를 잡았다"

며칠 사이 신문 헤드라인에는 연일 이런 제목의 기사가 쏟아져 나왔다. 강현 박사가 얼마 전 사우디아라비아에서 '메르스 예방약'을 개발하고 돌아온 이후, 조용히 묻혀 있던 이 소식이 논문으로 발표될 때가 되었다. 결국 강현의 소속 연구 기관 '국가생명정보기술원'에선 이 자랑스러운 성과를 대대적으로 홍보했다. 이후 현에게 쏟아지는 관심은 사람을 녹초로 만들기 충분했다. '강 박사와 만나 인터뷰를 하겠다'며 연구실 문 앞을 지키는 취재진 때문에 출퇴근이 곤란할 지경이었다. 현은 어쩔 수 없이 집에 틀어박혔다. 직속 상사인 나형욱 단장과 논의한 후 당분간 재택근무를 하기로 했다.

"홍보팀이 하도 졸라대서 보도자료를 낸 것이 실수였어. 그렇다고 자네 이름을 빼 버릴 수도 없잖은가."

나 단장은 현에게 영상 통화로 업무 이야기를 하다가 짐짓 미안한 듯 이야기를 꺼냈다.

"일반 기자들이야 그런데요, 과학 전문 기자들은 해외 논문도 계속 체크하잖아요. 자료를 안 냈더라도 이틀만 지나면 결국 똑같았을 거예요."

"이렇게 된 이상 제대로 언론 응대를 하라는 소장님 지시가 있었는데, 내가 억지로 막았네. 자네가 외부 일정 소화하고 다니기 시작하면 올해 연구 계획은 전부 엉망이 될 거야."

"함께 연구했던 중국 연구팀 후이징 박사도 지금 현지에서 난리가 났다더군요. 그분은 아예 취재진을 피해서 한국으로 도망을 나오겠다고 그래요."

"아 그래? 그럼 둘이 연구소로 와서 나란히 기자회견이라도 하겠나?"

나 단장은 갑자기 장난기가 동했는지 놀리듯이 말했다.

"아이고. 왜 그러십니까. 기자들 피해 도망 온 분한테 그게 무슨……."

현이 한숨을 쉬면서 말했다.

"그래. 어찌 됐건 며칠 집에서 기본적인 일정만 확인하고 좀 쉬게나. 굵직한 실험은 다 미뤄 뒀으니 너무 염려 말고."

"휴. 알겠습니다."

현은 강 단장과 통화를 하면서도 책상용 홀로그램 디스플레이로 손을 뻗어 이메일 함에 쌓인 취재요청서를 끊임없이 휴지통에 던져 넣고 있었다. 통화를 마치고 홀로그램 화면에 집중하기 시작한 현의 표정은 일순간 일그러졌다. 신경 쓰이는 이메일 한 통이 눈에 들어왔기 때문이다. 제목 란엔 '인간의 편리함만 생각하면 안 돼요. 지구 환경에 관심을 가져 주기 바랍니다.'라고 적혀있었다.

일면식도 없는 사람에게 훈계라니. 평소 같으면 바로 휴지통에 던져 넣었을 내용이었을 터였다. 하지만 현은 그 이메일을 전자서류로 옮겨 넣고 차근차근 보기 시작했다. 보낸 사람 란에 '사이언스피스 조아영 책임 연구원'이라고 적혀 있었기 때문이었다.

과학자로서는 보기 드물게 유명한 편이다 보니 현은 어이없는 제안도 많이 받는다. 무슨 뜻인지 알아보기조차 힘든 사이비 연구 성과에 현의 이름을 넣어 공동으로 발표하고 싶다는 사람, 연구제안서를 쓰는 데 공동 연구자로 이름 한 번만 넣어달라는 사람, 제자가 되고 싶다는 사람 등 별의별 요청이 끊임없이 쏟아져 들어왔다. 욕설이나 비난 등의 내용도 자주 받았다. 일부 종교 관계자가 보기에 현은 '지구를 파괴하는 악마' 같은 존재였다. 신이 정해 놓은 유전자를 그대로 두지 않고 마음대로 편집하는 현을 곱게 보기 힘든 탓이다. 환경운동가들에게도 현은 그리 곱지 않은 존재로 비춰지곤 했다. 특히 과학을 전혀 고려하지 않고 인간이 자연으로 돌아가야 한다고 주장하는 '조건 없는 환경 보호론자'들은 현을 절대 곱게 보지 않았다.

하지만 최근 십수 년 사이에 새로운 흐름도 생겨났다. 인간의 발전적인 활동을 유지하면서도 환경에 미치는 영향은 최소화하는 방법을 찾는, 과학으로 문제 해결을 하려고 노력하는 환경운동 단체가 생겨나기 시작했다. 사이언스피스는 그런 비정부 기구NGO 중에서도 가장 활발하게 활동하고 있는 곳이었다. 이곳의 실적은 적지 않았다. 바다 오염의 근원인 '적조'의 생성 과정을 원리부터 밝혀내고, 그 원인을 최소화할 수 있는 친환경 하수 정화처리시스템 등을 독자적으로 연구해 발표하기도 했다. 그리 큰 비용이 들지 않는 방식이라 현재 세계 각국에서 이 방법을 채용해 앞다퉈 하수 정화 시설을 개선해 나가고 있다. 현은 평소 그런 사이언스피스의 사상에 대해 공감할 부분이 있다고 생각하곤 했다.

조 연구원이 보내온 이메일은 예의와 격식을 갖추고 있었지만, 주 내용은 그간 이뤄진 현의 연구 활동을 비판하는 것들이었다. 국가와 사회의 주목을 받는 연구자로 성장했으면서도 환경문제에 책임 있는 태도를 보이지 않고 있다는 점을 조목조목 지적하고 있었다.

공연한 비난이라 여겨진다면 그저 무시하면 그뿐이었다. 그러나 현은 그 이메일을 몇 번이고 곱씹어 읽었다. 현은 자신의 연구 결과가 모두에게 좋은 결과가 돌아오길 기대하고, 그만한 소기의 성과도 있었다고 자신하고 있었다. 하지만 그 이면에 소홀히 한 부분도 있었다는 지적은 그간의 활동을 돌이켜 볼 좋은 기회로 여겨졌다.

현은 기지개를 켜고 앉아 조용히 답신을 쓰기 시작했다. 제목란에 '언제 말씀 좀 나눌까요?'라고 적고, 내용란에도 단 한 줄만 넣었다. '연락을 주십시오. 직통 번호 103683-56'

통화 요청은 현이 이메일 회신을 보낸 지 불과 몇 십분 만에 왔다. 화상에는 단아한 차림의, 그러나 다소 공격적인 표정의 여성 연구원이 보였다.

"예. 강현입니다."

현이 말했다.

"조아영입니다."

아영이 다부진 말투로 말했다.

"하시고 싶은 말씀이 많으신 듯해서 연락처를 드렸습니다. 이메일로 주신 내용 이외에 하고 싶으신 말씀이 있으실까요."

"거두절미하고 말씀드릴게요. 저희는 미세플라스틱 문제 해결을 위해 연구 중입니다."

"그 문제는 어느 정도 해결이 되지 않았나요. 이미 몇 년 전부터 플라스틱도 분해할 수 있는 효소와 미생물을 쓰레기 처리장에서……."

"그것 보세요. 역시 이런 문제에는 관심이 전혀 없으시네요. 그건 대규모 쓰레기 이야기에요. 바닷속에 떠도는 미세플라스틱의 농도는 지금도 계속해서 증가 추세에……."

아영은 갑자기 목소리 톤을 올렸다.

"아. 그런가요. 몰라서 죄송합니다. 계속 말씀하시죠."

현은 실쭉해져서 말했다.

"그래서 우리는 아예 해양에 풀어 놓을 수 있는 미생물을 개발하는 중입니다."

"듣고 보니 몇 가지 의문이 드는군요. 생태계에 미치는 효과는요? 그리고 그런 미생물이 바닷속에서 살게 되면 플라스틱으로 된 적지 않은 시설물이 부식될 수도 있겠는데요."

"이 미생물은 미세플라스틱만을 먹이로 삼으니 생태계에 큰 문제는 없을 겁니다. 바닷물과 비슷한 농도의 염분이 없으면 살아갈 수 없으니 지상에 만든 인간의 시설물도 큰 영향은 없을 거라고 생각해요. 오히려 선박에서 떨어져 나오는 미세플라스틱도 먹어 치워 줄 거라서……."

"좋은 생각이군요. 환경 영향 평가는 추후에 받기로 하고 일단 개발해 보시는 건 나쁘지 않을 것 같은데요."

"그래서 저희 말씀은……."

"저보고 그 미생물의 유전체 설계와 합성을 봐 달라는 건가요."

"예……."

아영은 말꼬리를 흐렸다.

"아시겠지만 저는 국책연구 기관 소속으로 근무하고 있습니다. 지금 결정할 수는 없지만 여러 조건을 보아 긍정적으로……."

"결국 평계를 대시는군요. 지구 환경을 조금이라도 생각하신다면 어떻게 그런 말을……."

아영은 다시 화를 내는 듯한 목소리로 말하기 시작했다.

"이것 보세요. 이게 지금 도움을 요청하시는 태도입니까? 여러분들이 그렇게 투쟁적인 자세로 일관하니 바른 일을 하면서도 지지를 못 받는 겁니다."

현도 결국 따지듯이 말했다.

"휴. 강 박사님 말고도 유전자 설계를 할 수 있는 사람은 있어요. 저희도 여러 사람과 접촉해 봤고요. 하지만 다들 돈 이야기만 하고, 강 박사님이 연구소에 보고하셔서 공식적으로 처리하더라도 그 비용이 적지 않을 것입니다. 저희 재단 입장에선……."

"말씀을 이해하기 어렵군요. 제가 언제 돈을 달라고 했습니까?"

"예?"

아영은 놀란 어조로 되물었다.

한 달이 지난 어느 날, 현은 연구소로 정상 출근하고 있었다. 집에 틀어박혀 있었던 일주일 사이 있었던 일은 어느덧 까맣게 잊고 지내고 있었다. 어느 날 이른 아침, 사무실로 출근한 현은 커다란 전자 종이에 오늘 새벽 발행된 신문을 내려 받아 한 장씩 넘기며 읽기 시작했다. 그러던 현은 잠시 후 부리나케 스마트 안경을 고쳐 쓰고 아영에게 전화를 걸었다.

"이거 봐요. 이게 어떻게 된 겁니까? 저는 호의로 도와 드린 거예요. 그걸 이렇게."

"무슨 말씀이세요. 저희가 몇 년을 고심하던 연구입니다. 박사님 덕분에 큰 숙제가 풀렸는데, 그걸 저희 이름으로만 발표할 수는 없습니다. 그 거야말로 염치없는 일 아닙니까."

"……."

"논문 절차가 지난주에 끝나다 보니 오늘 기사가 나갔나 봅니다. 혹시 절차상 문제가 있으신 건가요. 소속 연구소에 보고해 두신다고 해서 염려 하지 않았습니다."

"그런 문제는 없을 겁니다. 다만, 기사가 이런 식으로 나면, 이거 창피 해서."

"미디어엔 익숙하신 줄 알았는데 의외네요."

아영이 담담한 말투로 말했지만, 얼굴 표정은 묘하게 생글거리고 있었 다.

"알겠습니다. 휴. 덕분에 내일부터 다시 집에 틀어박혀야 할지도 모르 겠어요."

통화를 종료하고 현은 짜증이 난다는 듯 신문 머리기사 제목을 다시 한번 읽었다. 거기엔 커다란 활자체로 다음과 같이 쓰여 있었다.

"강현 박사, 또 해냈다! 이번엔 미세플라스틱 문제해결, 환경재단 사이 언스피스와 협업"

미세 플라스틱이 위험한 이유

언제 태평양을 횡단하는 '배'를 탄 적이 있습니다. 여행을 하려고 탄 배가 아니라, 태평양의 바닷속 생태계를 연구하기 위해 출발한 '연구선'이었지요. 영어 이름으로 '사이언스 베슬 Science Vessel'이 됩니다. 우리나라 남자들에겐 익숙한 이름이죠?

아무튼, 이 연구선을 타고 태평양을 횡단할 때 함께 탑승했던 대학 연구진이 있습니다. 이 연구진의 목표는 태평양 심해에서 퍼 올린 플랑크톤 속에 미세플라스틱이 발견되느냐였습니다. 결과는 놀라웠는데, 도저히 인간의 삶과 관련이 있을 것 같지 않은 태평양 한복판 플랑크톤에서도 미세플라스틱이 발견됐습니다. 이 플랑크톤을 작은 물고기들이 먹고, 그 물고기들을 다시 큰 물고기들이 먹으면, 마지막엔 다시 우리 인간들이 먹게 되겠지요. 사자나 코끼리처럼 강하고 큰 동물도 죽고 나면 결국 다른 동물의 먹이가 됩니다. 정말로 아무한테도 잡아먹히지 않는 동물은 인간뿐이지요. 환경이 오염된다면 결국 마지막으로 피해를 입는 건 우리 인간입니다.

하지만 플라스틱의 나쁜 점만 이야기할 수는 없습니다. 우리 인간은 플라스틱을 사용해서 수많은 편리한 물건을 얻었고, 그만큼 나무를 적게 베어낼 수 있었습니다. 우리가 쓰는 모든 물건을 나무로만 만들었다간 온 지구에 나무가 남아나질 않았을 지 모릅니다.

그렇다면 플라스틱은 계속 사용하고 대신 환경에 미치는 영향을 없애면 어떨까 하는 생각을 해 볼 수 있습니다. 플라스틱의 가장 큰 장점이자 단점은 썩지 않는다는 것인데, 사용할 때는 좋지만 버리고 나면 썩지 않아 골칫거리가 되지요. 썩는다는 말은 산화돼 점차 사라진다는 뜻으로 쓰이지만, 미생물이 먹어 없애면서 부패한다는 뜻으로도 쓰입니다. 계속해서 썩다 보면 결국 사라지기 때문에 마지막엔 깨끗해지지요. 그렇다면 플라스틱을 먹어 치우는 미생물을 만들면 되지 않을까. 앞의 소설에 나온 이야기는 그런 구상에서 적어보게 되었습니다.

그럼 그렇게 플라스틱까지 먹어 없애는 미생물을 어떻게 만들 수 있을까요? 이 방법의 기본은 '합성생물학'입니다. 미생물의 유전자를 편집해 플라스틱을 먹고 살아갈 수 있게 만드는 것이지요. 얼핏 만화 같은 이야기지만 실제로 가능합니다. 이 방법을 응용해 미생물의 성질을 바꾸면 의약품도 만들 수 있는데요, 미생물에게 먹이를 주고, 그 미생물이 내놓는 부산물(똥-이라고 하면 이해하기 편하시려나요)을 이용해 우리는 백신, 즉 예방주사를 만들기도 합니다. 이렇게 만든 백신을 '재조합백신'이라고 부르지요. 이럴 때 사용하는 미생물은 보통 대장균 등 우리 주변에서 흔히 볼 수 있는 것들을 이용한답니다.

+ 박테리아(세균)의 성질을 조작해 원하는 물질을 만들거나 혹은 필요가
  없는 물건을 먹어 없애도록 하는 것이 가능합니다.
+ 이런 기술을 이용해 굉장히 많은 일을 할 수 있습니다. 백신을 만들기
  도 하고 휘발유를 만들어 낸 과학자도 있습니다.
+ 이런 방법을 '합성생물학'이라고 부릅니다.

그들이 만들어 온 미래(2040년)

　2040년 겨울. 유엔 총회에서 '썩지 않는 플라스틱'의 사용을 완전히 금지하는 결의안이 3년의 유예기간을 조건으로 통과되었다. 플라스틱을 생산하고 사용할 수는 있지만, 앞으로는 유엔 회원국이라면 반드시 '썩는 플라스틱'만 사용해야 한다는 국제규약이 통과된 것이다.

　플라스틱 쓰레기 문제는 2000년대 초반부터 사회 문제로 꼽혀왔지만, 발전된 생명과학기술이 조금씩 해결책을 제시하고 있었다. 플라스틱을 분해하는 인공미생물도 개발돼 쓰레기 처리장 등에서 쓰이고 있었지만, 아무래도 미생물 분해 공정으로 대규모의 플라스틱을 처리하기엔 한계가 있었다. 더구나 개발도상국 등에선 이런 처리시스템을 완전히 갖추기도 어려웠다. 지구 전체에 쌓이는 막대한 플라스틱 쓰레기를 모두 해결하기엔 무리가 따르자 유엔은 결국 초강수를 두기에 이르렀다.

　썩지 않는 플라스틱이야 이미 개발돼 있었지만, 문제는 가격이었다. 어차피 큰 비용을 들여 플라스틱 쓰레기를 분해 처리해야 하는 선진국 입장에선 '썩지 않는 플라스틱' 체제로 전환하는 것이 그렇게 어렵지는 않았다. 그러나 경제적으로 어려운 개발도상국에서 이런 제재를 따르기 쉽지 않았다. 개도국 입장에선 유엔의 결정이 대단히 유감스럽게 느껴질 수 있었다. 유엔이 개도국의 입장을 고려해 이번 총회의 결정 사항에 3년의 유예기간을 두기로 한 것도 그 때문이었다.

결국, 이 숙제는 유엔 산하 과학기술인 포럼에서 중대 과제로 논의하게 됐다. 유엔의 결정은 결국 '3년간 시간을 줄 테니, 과학기술인들이 머리를 맞대 개발도상국에서도 쓸 수 있는, 초저가 생산이 가능한 썩는 플라스틱의 생산법을 개발해 내라'는 말과 다른 바 없었기 때문이다.

"그러니까, 이 문제는 결국 미생물 기반 합성생물학 관점에서 해결을……."

"합성생물학 기반 생산시스템의 효율이 얼마나 되는지 알고서 하는 이야기입니까. 그 방법으로는 절대로 개도국들이 원하는 수준의 저가 생산은 가능하지 않아요."

"그렇다고 가만히 있을 수는 없지 않소. 일단 그 방식을 기초로 연구를 시작하고 그 과정에서 답을 찾아보아야지 싶소."

"나도 그렇게 생각해요. 우선 국제공동연구팀을 꾸릴 여러 인재들부터 이야기해야 하지 않을까요."

유엔 뉴욕 본부의 한 대형 회의실. 유엔 사무총장의 방망이질 몇 번으로 한자리에 모이게 된 전 세계 생명과학 및 화학기술 분야 연구자들은 며칠째 '초저가 썩는 플라스틱' 개발을 목표로 저마다 의견을 내며 회의에 열을 올리고 있었다. 이 회의장 한쪽 편, 한국에서 온 국가생명정보기술원 강현 기술지원단장이 눈살을 찌푸리고 앉아 있었다.

"혼자 여기서 뭐 하시는 거예요. 한국 대표는 할 말 없으신가요?"

현의 어깨 뒤로 나타난 한 여성 참가자가 놀리듯이 말을 걸었다. 환경단체 대표단 일원으로 참석한 사이언스피스의 조아영 연구센터장이었다. 과학을 통해 환경문제를 해결해 나가자는 '연구기반 환경 단체' 중 대표적인 곳이다. 현은 사이언스피스가 올바른 일을 한다고 여겨 여러 가지 일에 협력해 왔다.

"단장님 건강이 안 좋다고 이미 생명과학계 전체에 소문이 쫙 돌았어요. 괜찮으신가요? 여기까지 오셔도 돼요?"

"사용 중인 항암제 효과만 정기 확인만 하면 되니까요. 약도 챙겼고, 급하면 이쪽 병원에서도 조치가 가능합니다."

아영이 안부를 묻자 현이 대답했다.

"이번 회의 결과는 어떻게 될 것 같으세요."

"답이 하나밖에 없는 문제 아닙니까. 뻔한 이야기를 아이디어라고 내놓고 싶진 않아요."

지식과 정보가 충분한 사람들이 내릴 수 있는 결론은 결국 비슷해질 수밖에 없다. 현의 말대로 수일 째 이어지고 있는 이 시끄러운 난상 토론의 결과는 이미 시작 전부터 뻔한 것이었다.

문제를 해결하려면 생명현상을 이용해 원하는 성질의 화학 소재를 얻는 것이 가능한 '합성생물학'을 이용하는 것이 최선이라는 것은 회장에 있는 생명과학자라면 누구나 알고 있었다.

여기에 생명현상을 세포 이하 수준, 즉 DNA나 단백질, 리보솜 등 세포내 소기관 레벨에서 규명하고, 필요하면 세균이 아닌 상태의 미생물을 이용하는 '무세포 합성생물학'으로 한계를 극복할 방법을 찾아보는 식의 응용이 가능하다는 것도 잠시만 생각하면 누구나 알 수 있는 일일 터였다. 20여 년 전부터 학계의 주목을 받아 왔던 이 기술은 최근 10년 사이 급속도로 발전해 합성생물학의 효율을 큰 폭으로 끌어올릴 유일한 방법으로 여겨졌다.

하지만 토론에 참여한 사람들은 스스로 답을 낸 이후의 과정에 대해 책임지지 않으려 했다. 이론적으로 가능하다고 해도 실제 연구 과정에서 어떤 일이 벌어질지 모르기 때문이다. 결국, 지금 전 세계과학자들 사이에서 벌어지는 이 시끄러운 토론의 본질은 결국 '누가 이 무거운 짐을 떠안을 것인가'를 놓고 벌이는 신경전이었다.

"거기까지 알고 계신다면 저분들 지금 왜 우왕좌왕하는지도 아실 것 아니에요. 과학자로서 일말의 책임을 느끼신다면 자연과 환경을 위해 저희와 함께 나서시는 게 어떻……. 아, 어머 나 좀 봐. 미안해요."

아영은 말을 쏟아내다가 곧 입을 다물었다. 눈앞의 현이 건강해 보이지만 사실은 투병 중이라는 사실을 머리에 떠올린 탓이다.

사이언스피스는 예산이 한정돼 있다 보니 항상 다른 연구 기관 인재들을 몰아세워 협력을 얻어내곤 했다. 그렇게 매사 사람을 이용하는 듯한 태도는 현을 꽤 지치게 하곤 했다.

"아깝네요. 한마디만 더 하셨으면 다시 안 보자고 할 수 있었는데."

현이 놀리듯이 말했다.

"너무 그러지 마세요. 저희는 이렇게 일을 할 수밖에 없는 것 잘 아시잖아요. 사실 과거에 저희랑 개발해 주신 해양 미세플라스틱 분해 세균도 예산이나 해양 안전성 문제로 실용화가 미뤄지고 있어 안타까운데, 이번 일이라도 잘 됐으면 좋겠다고 생각했을 뿐이에요."

"미생물 분해 세균이요? 세균, 세포……. 아 그래. 그 방법이 있었군. 잠시만요. 저 한국에 연락 좀 하고 올게요."

현은 아영과 이야기를 하다 말고 자리를 박차고 일어나 밖으로 걸어 나갔다.

이튿날. 현은 밤사이 준비해 온 자료를 들고 유엔 생명과학자 포럼 연설대에 섰다.

"안녕들 하셨습니까. 강현입니다."

현이 갑자기 단상으로 올라와 이야기를 하기 시작하자 사람들은 수군 거리기 시작했다. 생명과학분야 젊은 천재 연구자로 불렸던 현은 최근 수 년 사이 이 분야에서 세계적인 석학으로 자리매김했다. 회의장 내에 있는 사람 중 현의 얼굴을 모르는 사람은 거의 없었다. 사람들의 시선은 즉시 현의 입술에 고정되기 시작했다.

"지금 세계 생명과학계 선후배님들 사이에서 의견이 분분한 건, 기존 에 자연계에 존재하던 세균의 유전자를 일부 교정하는 방식으로 기능을 구현하려는 데 있었습니다. 교정 과정에선 당연히 무세포 합성생물학을 최대한 활용할 생각을 하셨을 테고요. 맞지요?"

"……."

"그런데 그렇게 할 경우, 기능을 살펴보고 교정해 나갈 세포를 무엇으 로 할지부터 정해야 합니다. 그 상태로 기능을 설계하자니 일의 시작과 끝을 가늠하기가 어렵겠지요. 결국 시행착오가 필수적이고, 이 실험을 얼 마나 반복해야 할지 아득하게 여겨지셨을 것입니다. 그러니 다른 방법이 없나 싶어 서로 의견만 계속 묻게 되셨을 거고요. 그렇지요?"

"그 문제는 강 단장도 별수 없지 않소?"

현의 발표를 가로막고 러시아 억양이 뚝뚝 묻어나는 말투로 한 과학자가 말했다.

"지금까지 누구도 이런 걸 만든 적은 없었단 말이요. 실험적인 연구야 저마다 해 왔겠지만, 갑자기 대량 생산이 가능한 걸 만들라니. 그걸 누가 갑자기 하겠다고 선뜻 나설 수가 있겠느냐고요."

이야기를 듣고 있던 현은 빙긋 웃어 보이며 회의장 홀로그램시스템 스위치를 눌렀다. 곧 세포 모형의 입체영상이 허공에 투사되자 현이 말했다.

"그렇다면 이렇게 하면 어떠시겠습니까?"

영상이 공개되자 곧 웅성거리는 소리가 들리기 시작했다.

"아니 저건 뭐야. 미리 몇 년 전부터 연구한 것 아닌가?"

일본의 한 과학자는 넋두리하듯 말했다. 독일의 연구자는 "schön sein(아름답군)"이라고 말한 후 홀로그램 화면을 넋을 잃고 바라보기 시작했다.

"다들 아시겠지만 이건 합성인공 세포 설계도입니다. 미생물로 플라스틱을 생산하려면 결국 만든 플라스틱을 세포 내에 축적하면서 생산하잖아요? 그러니 생산량도 미생물 크기의 영향을 받습니다. 이 문제를 거대한 합성세포를 개발해서 해결하면 될 것 같다고 생각했어요. 기준이 되는 세포가 없어서 문제가 된다면, 처음부터 세포를 새로 만들면 될 테니까요. 아이디어가 떠오르니 나머지는 뭐 금방 할 수 있었어요. 한국에서 제가 사용하는 인공지능이랑 그간 모아 두었던 데이터랑 우리 연구소가 가진 양자컴퓨터를 사용해 밤사이에 서너 개의 시뮬레이션을 동시에 돌렸는데, 그중 가장 나아 보이는 걸 가지고 온 겁니다. 오늘은 방향만 제시해 드리기 위해 기본적인 형태만 갖췄는데 제대로 만들 때는 이걸 보고 처음부터 다시 해야 할 겁니다."

현이 내놓은 세포 영상 하나는 회의장 분위기를 180도 바꾸어 놓았다. 어떻게 할 거냐고 서로 눈치를 보던 연구자들은 '이 구상이라면 할 수 있다. 우리나라 연구진도 참여하고 싶다'는 목소리로 바뀌기 시작했다.

"강현 단장과 한국 국가생명정보기술원에서 이 연구를 주도해 줄 수 있습니까?"

회의를 주제하던 미국 국립과학기술원 임원이 마이크를 잡고 물었다.

"아시다시피 저는 요즘 직접 연구를 총괄할 사정이 못 됩니다. 대신 다른 생각이 있는데……."

"어떤 겁니까? 강 단장 의견이라면 우선적으로 고려하겠소."

"환경과 관련된 문제도 꽤 크고 하니, 사이언스피스가 맡으면 어떨까요? 나름의 실적도 있고, 어려운 부분은 저희를 포함해 여러 국제 연구진이 함께 돕는다면 분명 잘 해낼 겁니다."

회의장에 있던 아영은 갑자기 사이언스피스 이야기가 나오자 이게 무슨 일인가 싶어 어안이 벙벙해져 현을 물끄러미 바라보았다. 단상에 서 있던 현은 아영과 눈이 마주치자 조용히 한쪽 눈을 찡그려 보였다.

2035년, 강현 박사가 합성생물학을 이용해 미세플라스틱을 먹어 없애는 미생물을 개발한 이야기를 했었는데요, 이번엔 2040년, 썩는 플라스틱을 생산하는 미생물을 만드는 이야기입니다. 둘 모두 합성생물학과 큰 관계가 있는 이야기입니다. 2035년의 이야기는 플라스틱을 먹어 치우는 미생물을 만드는 것이고, 2040년의 이야기는 썩는 플라스틱을 만드는 미생물을 만들어 내는 이야기입니다.

　합성생물학은 보통 세균을 이용하는데요, 세균이 세포 형태의 생명체이기 때문에 기본적인 생명현상이 가능하기 때문입니다. 이 성질을 조금만 바꿔서 여러 가지로 응용하는 것이지요.

　문제는 생명현상을 이용해 뭔가 만드는 것이니 효율이 좋은 편은 아닙니다. 그 문제를 해결하기 위해 사람들이 연구하고 있는 방법 중 하나가 무세포 형태로 생명현상을 유도하는 '무세포 합성생물학'입니다. 예를 들어 바이러스는 세포가 아니지만 생명현상을 하는 것과 비슷하지요.

　지금까지 개발된 방법은 세포에서 생산 활동을 하는 '리보솜'이라는 부분만 뽑아내고, 거기에 영양과 명령을 주입하여 계속 어떤 물질 즉, 세포가 아닌 형태의 합성 생물을 만드는 것

등이 있었습니다. 이런 무세포 합성생물은 먹이로 삼는 물질과, 부산물로 내놓는 물질을 세포 합성생물에 비해 훨씬 자유롭게 조절할 수 있습니다.

만약 '플라스틱만 먹이로 삼도록' 만든다면 플라스틱 문제를 해소하는 데도 도움이 되겠지요. 또 여러 가지 인간이 만들지 못했던 다양한 친환경 재료들도 개발이 가능해질 것이라고 생각합니다.

조금 복잡한 이야기가 되었습니다만, 합성생물학이 가진 무궁한 가능성에 대해 많은 분이 꼭 알고 계셨으면 합니다.

알아 두면 좋은 핵심 요약

+ 합성생물학의 단점은 효율이 떨어진다는 것입니다. 그걸 개선하기 위해 많은 연구가 진행 중입니다.
+ 여러 방법 중 각광받는 것은 '무세포 합성생물학'입니다.
+ 세포가 아닌 무세포 형태에서, 즉 세포가 가진 리보솜, DNA 등 일부 구성 성분을 이용해 합성생물학과 같은 일을 하려는 것입니다. 효율이 더 뛰어나고 더 다양한 물질을 만들 수 있을 것으로 기대됩니다.

Chapter 7

먹거리
걱정 없는 세상

생명과학과 지속가능한 환경을 이야기하면서 빠지지 않고 등장하는 것이 '식량'입니다. 환경이 변한다는 건 작물과 가축을 기르던 우리 주변 환경도 변한다는 것이기 때문입니다. 우리의 식량을 확보하기 위해서라도 우리는 환경을 지키고, 보존해야 합니다. 또 만약의 환경 변화에 대비해 작물과 가축의 성질을 개선할 필요도 있습니다. 농축산업 분야는 이제 첨단 과학기술의 영역이 되어가고 있는 셈입니다.

신뢰와 편애(2040년)

5년 전 출범해 국내 굴지의 바이오 농업기업으로 거듭난 기업 'HKBS'. 생산시설 자동화 분야 전문기업 날리지뱅크시스템_{KBS}과 바이오 전문기업 HANS가 공동으로 설립한 이 회사는 출범 당시부터 세간의 큰 화제를 모았다. 굴지의 기업 두 곳이 동시에 달려들었으니 얼마나 승승장구하겠냐는 이야기가 많았다.

그러나 실상은 소문과 달랐다. HANS는 바이오 전문기업이라지만 이미 세상에 나와 있는 기술을 이용해 아이디어 상품을 개발하는 데 강했다. 출범 초기 바이오전문가인 김혜영 박사를 사장으로 초빙해 연구개발을 진두지휘하도록 했지만, 회사의 전반적인 연구 역량 부족을 김 사장 한 사람의 힘으로 막기엔 힘에 부치는 것이 사실이었다. 그럼에도 김 사장은 출범 이후 다양한 신품종 개발에 성공하며 농업시장 개척에 성공, 5년 만에 회사를 흑자 궤도로 올려놓았다.

HKBS 경영진은 회사의 더 큰 미래를 위해 이제는 '신약 개발에 뛰어들어야겠다'고 생각했다. 그도 그럴 것이, 복잡한 유전자 편집기술 등을 총동원해 신품종 작물을 개발해도 그 가격은 아이들 용돈으로도 살 수 있는 정도였다. 반면 의약품은 개발에 성공하기만 하면 농작물에 비해 훨씬 큰 이익이 보장됐다. 물론 복잡한 임상시험을 거쳐야 하는 부담이 있지만, 신약 개발은 일단 한번 성공하면 '황금알을 낳는 거위'라는 것만큼은 부정할 수 없는 사실이었다.

　　이 시기에 김혜영 사장이 믿는 구석은 두 가지였다. 하나는 수년 전 인기 연구 분야로 급부상한 이후 지금까지 신약 개발 분야 혁명으로까지 불리는 '엽록체 바이오공장'기술을 도입하는 것이다. 엽록체를 이용하여 백신, 의료용 단백질, 항체 등을 생산하는 기술이다. 농업 분야, 특히 식물의 세포 혹은 미토콘드리아의 유전체를 편집해 형질을 전환하는 데 특기를 갖고 있는 HKBS 입장에선 이 기술은 조금만 더 연구해 나간다면 복잡한 신약 개발을 훨씬 수월하게 할 수 있는 기반 기술이었다. 농업 분야 바이오 기업이라면 이 기술에 눈독을 들이지 않는 것이 오히려 더 이상했을 것이다.

　　그녀가 두 번째로 믿는 건 '국가생명정보기술원'과의 커넥션이었다. 특히 수년간 협력 과정을 진두지휘해 온 '강현 단장'에게 그녀는 무한한 신뢰를 갖고 있었다. 강 단장은 회사 출범 당시부터 연구개발 과정에서 생기는 골치 아픈 문제를 여럿 해결해 주었고, 회사의 성장을 도와준 큰 은인이었다. 물론 매출에 따른 기술료는 충분히 지급하고 있었지만, 그럼에도 김 사장은 동전 한 닢이라도 더 연구소로 보내지 못해 안달이었다. 그녀에겐 연구소, 그리고 강 단장과의 유대를 유지하는 것이 그 이상의 값어치가 있다고 여겨졌기 때문이다. 형식상이지만 억지로 현을 회사의 기술고문으로 앉힌 것도 김 사장이었다.

그런 그에게 '강현 단장이 암 투병에 들어갔다'는 소식은 마치 청천벽력과 같이 들렸다. 연구소에는 여전히 출근한다지만, 직원 관리에 집중하기 위해 직접 현미경을 보는 일은 없을 거라는 이야기가 들리자 그녀가 느낀 당혹감은 이루 말할 수 없었다. 김 사장은 이야기를 듣기 무섭게 황급히 자율주행차를 호출하면서 사무실 밖으로 뛰어나갔다.

"여기까지 뭐하러 오십니까. 정밀 검사차 하루만 입원한 거라니까요."

"걱정이 되어서 그렇죠. 우리가 한두 해 본 사이도 아니고."

현은 일부러 병원까지 찾아온 김 사장이 고맙게 느껴졌지만 그녀의 목소리 너머로 다른 의미의 강한 염려가 담겨 있는 것도 알 수 있었다. 그녀가 현을 개인적으로 걱정하는 것은 사실이었지만, 사람에 대한 애정보다는 업무 파트너가 없어지면 어쩌나 싶은 우려가 더 크게 담겨 있었다. 그런 김 사장을 보며 현은 어쩔 수 없이 업무 이야기를 시작했다.

"너무 염려 마십시오. 그간 저와 진행해 주시던 공동연구 분야는 믿을 만한 사람에게 인수인계할 생각입니다."

"강 단장도 알잖아요. 우리 올해부터 신약 개발도 들어가야 해요. 정말 강 단장이 직접 봐 주지 않아도 괜찮을까? 난 아주 불안해 죽겠어요. 여기서 멈추면 회사 큰일 난단 말이야."

김 사장은 거의 사정하듯 말하기 시작했다.

"일단 저희 쪽에 맡겨 주시지요. 너무 염려 마시고요."

현이 달래는 목소리로 말했다.

다음 날 아침 병원에서 필요한 검사를 마치고 퇴원한 현은 별다른 일 없었다는 듯 집을 나섰다. 정확히 8시, 책상 위 커피 머신에서 쪼르륵하는 소리가 들리자 그는 갓 내린 커피 한 잔을 손에 들고 바로 아래층 회의실로 내려갔다. 매일 아침 항상 있는 일일 업무 진행 회의였다. 화상회의시스템이 고도로 발전한 시대라고는 하지만, 같은 사무 공간 안에 일하는 사람들이라면 하루에 한 번, 아침 회의를 통한 업무 공유만큼은 서로 얼굴을 보고 해야 한다는 것이 현의 지론이었다. 일상적으로 진행하던 업무 조정 회의를 마치자, 현은 전원에게 낭랑한 목소리로 크게 말했다.

"이메일로 어제 공지드린 내용은 다들 보셨을 겁니다. 건강상 문제로 저는 연구 업무에서 손을 뗄 생각이에요. 병원을 자주 다녀야 할 것 같기도 하고, 현실적으로 무리입니다. 제가 맡은 몇 개의 기업 지원 연구를 우리 연구실 내에서 여러분들이 나눠서 맡아 주었으면 합니다."

연구원들의 표정은 무거웠다. 국내 생명과학연구자 중 최고라는 평가를 받는 강 단장이 한 발 뒤로 물러나는 것만으로도 그들이 느끼는 심리적 부담은 컸다. 그러나 이 점은 현이 지금까지 무리해 온 것이다. 단장을 맡으면서도 몇 개나 되는 연구를 동시에 진행할 수 있는 사람은 그리 많지 않다는 점, 관리직과 연구직을 분리한다는 점에서 연구실 운영시스템 자체는 지금이 도리어 더 타당하다는 것을 모르는 사람도 별로 없었다.

"따라서 이 부분을 하나씩 차근차근 모두와 면담을 하며 업무를 조정해 나갈 계획입니다. 우선 오늘은 최영일 선임연구원님, 김수민 박사와 함께 제 방에서 잠시 보시지요."

잠시 후, 두 사람이 단장실에 나타나자 현은 불쑥 본론부터 꺼냈다.

"HKBS 건입니다. 두 분께 맡기고 싶은 건."

현의 입에서 HKBS 이야기가 나오자 최영일 박사는 아무 말 못 한 채 물끄러미 현을 바라보기 시작했다. 그간 워낙 현과 협력적으로 일을 했던 곳이라 '이곳만큼은 투병 중에도 직접 맡으시려고 하실지 모른다'는 이야기마저 나왔던 곳이라 의외였기 때문이다.

"유전자 편집을 통해 농업 혁신을 주로 하던 업체예요. 의약 분야 시장으로도 진출하고 싶어 합니다. 엽록체 바이오공장 기술을 도입하고 싶어 하니, 그 분야 연구를 두 분이 도와주시면 될 거예요."

현이 아까부터 들고 있던 머그잔에서 식어버린 커피를 홀짝 들이켜면서 말했다.

"예. 알겠습니다."

이야기를 듣던 최 박사는 낭랑하게 말했다. 상사의 지시라면 의무적으로 수행하는 타입이라 더 이상의 이견을 갖지 않기로 한 것 같았다. 하지만 수민은 달랐다. 최 박사가 자기 자리로 돌아갔는데도 수민은 단장실에 남아 다시 질문을 쏟아내기 시작했다.

"단장님. 저……."

"왜. 그래요? 돌아가도 괜찮아요."

"아뇨. 저, 괜찮으신가 해서……."

"뭐가?"

"연구 그만하시기로 한 거요. 단장님 연구 좋아하시잖아요. 관리 업무보단 훨씬 더 좋아하시잖아요."

"그 이야기는 그만하도록 하지. 나도 이렇게 결정하고 편해진 않아요."

"그게……. 다른 문제도 있는데요. 저는 사고만 치는데도 단장님이 중요한 일은 저한테만 맡긴다고, 다들 뒤에서 손가락질하거든요. HKBS 일 나눠 주신 것도 그래요. 단장님이 5년 동안 김 사장님과 협력하면서 키워오신 회사라면서요. 거기 제가 참여하면 무슨 소리가 나오나 싶어요. 혹시 누구 다른 분을……."

수민은 여전히 연구소 생활이 힘겨운지 한숨 가득한 목소리로 이야기하기 시작했다.

수민은 역량에 비해 연구실 내에서 동료들의 평가가 좋지 않았다. 덜렁거리는 성격 때문에 손해를 보는 탓이다. 그런 사실은 현도 어느 정도 알고 있었지만, 설마 이 정도였다고는 예상치 못한 터였다. 난처해진 현은 뒤통수를 긁적이면서 입을 열었다.

"김수민 박사. 뭘 오해하고 있는 것 같아요. 방금 한 이야기가 사실이라면 다른 친구들도 크게 잘못 알고 있는 것 같고."

"네?"

"제가 사람을 편애하거나 해서 이 일을 시키는 것이 아니에요. 김 박사만이 할 수 있는 일이 있어서 그래요. 엽록체 내부의 특정 부위에 꼭 필요한 유전자만 발현시킬 수 있는 사람이 지금 우리 연구단에서 누가 있지."

"저입니다. 두세 사람 더 있겠지만 아마 단장님이나 저처럼 정밀하게는……."

"일을 감정적으로 받아들이지 말자고 여러 번 이야기한 것 같은데요."

"예. 죄송합니다."

수민은 단장실을 도망치듯 빠져나와 연구실 책상에 머리를 파묻고 엎드렸다. 창피한 마음에 잠시 쉬고 싶었지만 5분이 채 안 돼 사수인 최영일 박사의 호통이 들려왔다. 그는 갖가지 일들을 평소처럼 기계적으로 분류해 주었고, 수민은 뺨이 벌겋게 된 채로 연구실 내부를 이리저리 뛰어다녀야 했다.

퇴근 시간이 돼 갈 무렵, 수민은 평소보다 몇 배는 더 피곤함을 느꼈다. 퇴근에 앞서 그날 맡은 일의 마무리를 하고 있던 그녀의 개인 데이터 단말기에서 '딩동'하는 소리가 들렸다. 메시지 하나가 도착했다는 소리였다. 거기엔 다음과 같이 쓰여 있었다.

"기운 내시길. 자신을 좀 더 믿길 바랍니다. - 강현."

별 것 아닌 메시지 한 통이었다. 최근 누구나 사용하는 영상 메시지가 아니라, 2010~2020년대를 살았던 세대들이 주로 사용하는 구식의 텍스트 메시지. 하지만 수민은 퇴근 전 책상머리에서 그 짧은 문장을 몇 번이나 곱씹어 읽고 있었다. 그리고 마침내 가방을 메고 자리에서 힘을 주어 일어나며 새롭게 다짐한 듯 중얼거렸다.

'HKBS라고 했나. 내일 필요한 자료를 싹 다 읽어야지.'

식물에서 단백질을 얻을 수 있다면

여러분 '단백질'이란 단어가 들리면 어떤 생각이 먼저 드시나요? 흔히 '단백질 좀 챙겨먹자'면서 고기를 먼저 생각하고는 하죠. 샐러드나 채소류 반찬만 먹고 있으면 '단백질이 너무 부족한 것 아니냐'고 이야기하기도 하고요. 사람들은 동물의 몸에 단백질이 많고, 식물에게는 거의 없다고 생각하기 때문에 이런 이야기를 하곤 하죠.

영양학적으로는 대부분 맞는 이야기입니다만, 사실 단백질은 식물에도 많이 있습니다. 우리가 먹는 밀가루 속에도 '글루텐'이라는 단백질이 있고, 콩에도 단백질이 아주 많습니다. 쌀에도 단백질이 있는데, 100g당 2.7g 정도가 들어 있다고 하니 적지 않은 양입니다.

그런데 생명과학자들은 여기서 생각을 멈추지 않았습니다. 단백질은 영양분이기도 하지만, 한 발 더 들어가서 보면 우리 몸을 구성하는 구성요소이기도 합니다. 그리고 이 단백질의 구조를 조정해 아주 미세한 입자로 만들면 의약품으로 쓸 수도 있습니다. 그리고 마침내는 농장에서 기르는 식물에서 백신, 항체, 치료약 등을 만들어내는 연구도 시작했지요. 이런 것을 보면 과학자들은 정말 천재적인 사람들이 맞는 것 같습니다.

그렇다면 식물 속에서 단백질을 얻으려면 어떻게 하는 건지 궁금증이 생깁니다. 이때는 주로 식물의 '엽록체'를 이용합니다. 엽록체에 대해선 들어 보셨을 것입니다. 식물은 잎 속에 있는 엽록체가 빛을 받아서 광합성을 하고, 이 과정에서 에너지를 얻어 성장하고, 또 살아가지요. 방금 식물의 몸속에도 단백질이 있다고 했지요? 그러니 이 과정을 인간이 인위적으로 조금만 바꾸면 이 식물은 약이나 백신으로 쓸 수 있는 성분을 햇빛만 받으면 생산하기 시작하는 겁니다.

이 기술은 국가 생명과학정책연구센터 예측에 따르면 2030년이면 실용화 단계에 들어서기 시작해 동물에게 사료를 먹이기만 해도 전염병을 예방할 수 있는 등의 기술로 먼저 쓰이기 시작할 것으로 보입니다. 그리고 5년 후인 2035년 정도가 되면 이미 인간에게 사용할 수 있는 백신 생산용 농작물 개발에 성공한 사례가 보고되기 시작할 것 같습니다. 그때가 되면 지금은 굉장히 값비싼 약을 누구나 쉽게 구할 수 있는 세상이 올 것 같습니다.

알아 두면 좋은 핵심 요약

+ 식물에도 단백질이 있습니다. 이런 단백질의 성분을 잘 이용하면 영양뿐 아니라 약품 성분 등 다양한 물질을 얻을 수 있게 됩니다.
+ 이 과정에서 가장 중요한 부분이 식물의 '엽록체'입니다.
+ 그 엽록체의 성질을 조정해 원하는 식물로 만드는 '엽록체 바이오 공장' 기술이 최근 각광을 받고 있습니다.

그가 천재로 불렸던 이유(2035년)

"이것 보세요. 자꾸 이러실 겁니까. 지난번엔 거기 때문에 기자들 피하느라 출근도 제대로 못 하고 제가 얼마나 난감했는지 압니까. 자꾸 이러시면 더는 거기랑 일하기 어려워요."

국가생명정보기술원 소속 강현 수석연구원은 환경 분야 국제연구진 '사이언스피스'의 조아영 책임연구원의 영상 통화를 받다가 화가 난 듯이 소리쳤다.

"그때 일은 여러 번 사과드렸잖아요. 제발 부탁인데 이번 일도 신경을 좀 써 주세요."

사이언스피스는 적은 연구비로 환경문제를 해결하려다 보니 안면이 있는 연구자들에게 도움을 부탁하는 일이 적지 않았다. 현과는 얼마 전 '미세플라스틱을 먹이로 삼는 미생물'을 개발하면서 인연이 닿았다. 그 이후 사이언스피스와 국가생명정보기술원은 수시로 의견을 주고받게 됐다. 현은 사이언스피스 측의 입장을 이해하면서도 간혹 너무 과도한 부탁에 피곤을 느끼는 일이 많았다.

"너무 그러지 마십시오. 저도 제 연구 일정이 있지 않습니까. 그리고 이 분야를 연구하시는 건 좋은데, 접근 방법은 말씀하신 것과 전혀 달라야 합니다. 다른 분야 전문가가 필요해요. 저희 연구소의 권……. 아, 차라리 국제 협업을 해 보시지 그래요. 사이언스피스는 중국 사무소도 있으시다 들었는데."

"누구 생각나는 사람이라도 있으신가요?"

"중국 생명공학연구소 한 후이징, 한휘경 박사랑 같이 일한 적이 있는데, 거의 모든 면에서 적임자라고 생각해요."

"어쩐지 떠넘기시는 듯한 기분이 드는데요."

조 연구원이 웃으면서 말했다.

"그런 건 아닙니다. 이런 연구가 꼭 필요하다는 건 인정하고 도울 생각도 있어요. 하지만 저보다 한 박사가 더 잘 어울립니다."

현은 담담하게 말했다.

현은 천재로 불렸다. 그저 대중의 인기만 있는 것이 아니었다. 동료 과학자들 모두 그를 천재라고 부르기에 서슴지 않았다. 남들은 몇 년씩 난관에 부딪혀 있는 연구도 그가 손을 대면 빠르게 문제가 해결되곤 했다. 생명체의 유전자를 원하는 대로 설계하고 기능을 개선할 수 있으니 사실상 생명과학분야 연구에선 '만능 치트키'를 손에 쥐고 있는 것과 다름없었다.

물론 그와 비슷한 일을 할 수 있는 연구자들이 없는 건 아니었다. 이는 축적된 인류의 생명과학지식과 급진전한 인공지능 기술 덕분에 가능해진 일이다. 과거라면 수없이 많은 생물의 유전자 정보를 분석하고, 이를 기반으로 그 유전자 정보를 교정하거나 이를 기반으로 새로운 유전자 정보를 만들고, 다시 세포를 배양하고, 그 기능을 확인하는 일을 지겹도록 반복해야 했다. 하지만 지금은 이야기가 달랐다. 인공지능은 가장 효율이 좋은 유전자 구조를 척척 제안해 주고, 이를 다른 인공지능을 이용해 가상실험을 해 보는 방식으로 시행착오도 최대한 줄일 수 있었다. 이 결과 생명과학 분야 연구 속도가 과거와는 비교도 할 수 없이 빨라졌다. 물론 이런 일을 하려면 생명과학은 물론 인공지능시스템까지 능수능란하게 쓸 수 있어야 했다. 당연히 그런 전문가가 그리 많을 리 없었다. 현은 그 몇 안 되는 사람 중에서도 독보적이었다.

하지만 현은 자기 스스로 '운이 좋았다'고 생각하고 있었다. 자신이 가진 지식이나 연구 역량이 타인보다 크게 나을 것도 없다고 생각하곤 했다. 물론 그에게는 인공지능시스템을 이용해 누구보다 빠르게 문제 해결의 원인을 찾아낼 줄 아는 자기만의 노하우가 있었다. 하지만 그게 천재라고 불릴 정도로 절대적인 영향을 미친다고 생각하기는 어려웠다. 그보다 중요한 건 그를 돕는 사람, 즉 '조력자'의 역량이었다.

현의 곁에는 권하선 연구원이 있었다. 생명과학연구에 인공지능을 동원하려면 그 분야에 특화된 ICT 전문가의 도움이 필요했고, 그런 두 사람의 팀워크는 대단히 잘 맞아떨어졌다. 그러니 현은 다른 전문가들의 연구 효율이 자기보다 떨어지는 건 그저 그들의 옆에 하선과 같은 사람이 없었기 때문이라고 생각했다.

현은 하선을 대신할 수 있을 만한 역량을 갖춘 사람을 최근 꼭 한 사람 만난 적이 있었다. 몇 개월 전 메르스 연구를 함께하며 호흡을 맞춘 적이 있는 중국 연구팀 한휘경 박사였다. 그녀는 하선처럼 현의 마음에 쏙 드는 데이터를 뽑았고, 필요한 입출력 프로그램을 원하는 때에 쏙쏙 개발해 줄 줄 알았다.

사이언스피스는 최근 '유전자회로 공정 예측기술'에 관심을 쏟고 있었다. 동식물의 유전자를 전자회로처럼 인식하고, 그 기능을 예측해 설계에 반영하는 기술이다. 관련 기술은 과거 십수 년 사이 크게 성장했다. 사실 현과 같은 전문가가 등장한 것도 이 분야 지식이 급진했기 때문에 가능한 일이다. 과학자들은 이미 10년 전 박테리아 등 세포의 대사경로를 조작해 각종 화학물질, 에너지, 의약품 등을 생산하는 단계에 도달했다. 몇 년 전에는 미국항공우주국NASA 소속 연구자가 '화성에서 키울 수 있는 식물'을 만들어 내 화제가 되기도 했다.

사이언스피스의 목표는 범용 유전자회로 공정예측 소프트웨어를 만드는 일이었다. 이 소프트웨어가 완성된다면 관련 분야 전문가 누구나 연구 효율을 크게 높일 수 있다. 세계 각지의 연구자들이 이 소프트웨어를 사용해 얼마나 많은 환경문제를 해결할 수 있을지를 생각해 본다면, 이는 사이언스피스 입장에선 총력을 걸만한 일이었다. 그 연구를 시작하려는 사이언스피스가 가장 전문가라고 불리는 현에게 도움을 요청한 것이다.

이런 아영의 요청은 억지스러운 것이었다. 짐짓 현의 입장에선 '당신의 연구 노하우를 담은 인공지능 소프트웨어를 개발해 무상으로 내놓으라'는 소리로 들릴 수 있었다. 그러나 아영을 비롯한 사이언스피스 연구자들은 '올바른 일을 한다'는 믿음이 있었고, 실제로도 그랬다. 현도 크게 나무라지 않았다. 도리어 많은 사람의 연구 효율이 높아진다면 세상이 조금은 더 깨끗해지고 더 편리해질 것 같다고 생각했다.

하지만 현이 도움을 주려는 방법은 차이가 있었다. 아영의 요구는 현만의 독자적인 노하우와 확보하고 있는 DNA 데이터에 관한 부분이었지만, 현은 하선의 서포트 능력이 더 중요하다고 여겼다. 즉 하선의 역할을 대신할 수 있는 인공지능을 제공하면 문제는 해결될 거라고 여겼다. 다만 요즘 정신없이 바쁜 하선의 일정을 고려해 그와 가장 비슷한 역량을 가졌다고 생각하는 휘경과 상의해 보라고 추천한 것이다.

다음 날. 현은 연구실 허공에 펼쳐져 있는 홀로그램을 바라보며 두 팔을 열심히 휘젓고 있었다. 복잡해진 연구 일정을 정리하느라 수없이 많은 이메일과 파일로 정리하고 있자니 정신이 아득해질 지경이었다.

때마침 영상 통화가 들어왔다. 현은 한 손으로 홀로그램 속 이메일 함에 들어와 있는 스팸메일 하나를 집어내 휴지통에 던져 넣으면서, 또 다른 한 손으로 스마트 안경을 집어 얼굴에 쓰면서 답했다.

"응. 왜? 지금 바쁜데 내가 조금 있다가……. 아 한 박사님이시군요."

개인 번호로 전화를 할 사람이 많지 않으니 현은 하선이 건 전화라고 생각했다. 그러나 전화를 건 사람은 중국에 있던 휘경이었다.

"권 박사님이 아니라서 실망하셨나 봐요?"

휘경은 뾰로통해져서 말했다.

"아. 미안합니다. 어쩐 일이세요?"

"사이언스피스 측에서 연락을 받았어요. 강 박사님 추천이라고 꼭 도와달라고 하더군요. 그런데 저 사람들이 왜 저를 찾았는지, 강 박사님은 왜 저한테 이런 일을 하라고 하신건지, 저로서는 도저히 이해가 안 가서요."

휘경이 다시 따지듯 말했다.

"아. 그 이야기인가요. 전에도 말씀드렸지만 제 연구 성과는 대부분 하선 씨 덕분이라고 생각합니다. 한 박사님 이외에는 비교할 수 있는 사람조차 없었어요. 그래서 저는 하선이나 한 박사님에게 뛰어난 연구 노하우가 있으실 거라고 판단을……."

"휴. 이 양반이 겨우 정리하고 있는 사람 속을 다시 뒤집으시네."

휘경은 한숨을 쉰 다음 현의 말을 자르며 연이어 말했다.

"강 박사님. 지금 사람에 대한 애정을 인공지능에게 학습시키라는 건가요?"

"예? 그게 무슨?"

현은 여전히 알아듣지 못하고 고개를 갸우뚱거리고 있었다.

"권하선 박사님이 그만큼이나 일을 잘 도와드릴 수 있었던 건, 아마 강 박사님의 세세한 습관까지 모두 배려하고 하나하나 애정을 가지고 일하셨기 때문일 겁니다. 무슨 기술적인 노하우 같은 게 아닐 거예요."

"……"

"그리고, 뭐, 저도 그랬었어요. 그래서 그렇게 몇 날 며칠 밤을 함께 새우면서도 즐겁게 일을 할 수 있었던 겁니다. 지금 제가 다른 사람과 일을 하거나, 혹은 다른 사람을 위해 인공지능을 학습시킨다고 해도 그것과 비슷한 결과를 기대하는 건 있을 수 없는 일입니다."

"그게 그러니까……. 예."

현은 겨우 알았다는 듯 고개를 떨어뜨렸다. 뭔가 말을 해야 할 것 같아서 입을 떼려다가 다시 다물고 말았다.

"더 하실 말씀 있으세요? 전화를 빨리 끊고 싶어졌어요."

휘경은 조금 글썽이는 목소리로 말했다.

"아닙니다. 정말로 미안합니다."

"이봐요. 박사님. 끝까지 왜 그래요? 그럴 땐 그냥 고맙다고 하시면 된다고요. 권 박사님은 평생 정말 큰일이네요."

휘경은 다시 한숨을 쉬고는 삑- 소리와 함께 화면에서 사라졌다.

"나 참. 이런 배 나온 아저씨 어디에 볼 데가 있다고."

휘경에게 혼이 나고 어안이 벙벙해졌던 현은 반나절이 지난 다음에야 억울하다는 듯이 겨우 중얼거렸다.

"뭐해요. 야근할 거예요? 오늘은 좀 같이 들어가면 안 돼요?"

퇴근 시간이 다 되자 옆 실험실에서 근무하던 하선이 찾아와서 말했다.

"하나 물어보고 싶은 게 있어."

궁금증이 채 풀리지 않은 현은 하선에게 묻기 시작했다.

"왜요? 뭘요?"

"지금까지 열심히 도와줬던 것 정말 고맙게 생각해. 하선이가 없었으면 지금의 나도 없었을 거야."

현은 하선의 두 손을 꼭 잡으며 말했다.

"뭐예요. 사람 불안하게 왜 그래요?"

"혹시, 내가 하선이 없을 때도 하선이랑 일하는 것처럼 계속 도움을 받을 수 있는, 뭐 그런 소프트웨어를 만드는 게 가능할까?"

"응? 자기 어디 가요? 그런 걸 왜 물어봐요?"

"그냥 궁금해져서 그래. 나 어디 안 가."

"그런 소프트웨어라면 저번에 기념일 날 선물로 만들어 줬잖아요. 그

런데 그거 자기밖에 못 쓸걸요. 잘 고치면 다른 사람들도 도움이 될지도 모르지만, 그게 사람마다 업무 습관이 달라서 세팅 다시 다 해야 할텐데."

"뭐? 설마 그때 그 소프트웨어가."

"뭐예요. 아직 써 보지도 않은 거예요?"

"아니. 그때는 그냥 신형 정보입출력 프로그램이라고 해서, 다음에 자기한테 물어보고 쓰려고 놔뒀는데 바쁘다 보니 그만……."

"아유. 진짜 내가 못 살아. 그거 만드느라고 내가 얼마나 고생을 했는데 지금 1년이 다 돼 가도록……."

하선은 결국 현의 가슴팍을 때리기 시작했다. 현은 그렇게 화를 내고 있는 하선을 말없이 꼭 끌어안았다.

"아 이거 놔요. 오늘 진짜 이상하네. 엉뚱한 걸 물어보질 않나, 낯간지러운 소리를 하지를 않나."

"아니야. 고마워서 그래. 정말이야. 그리고 이럴 땐 그냥 고맙다고 하는 거라며."

"그런 건 누가 가르쳐 줬는데요?"

하선이 현의 가슴팍을 때리던 손을 내리고 눈을 흘기며 물었다. 현은 아무 대답 없이 하선을 다시 꼭 끌어안았다.

'강현' 박사는 유전자를 설계하고 변형해 다양한 생명현상을 자유자재로 조절하는 능력을 갖고 있습니다. 현실 속에 이런 만능 과학자가 태어날 수 있을까 싶은 생각이 들기는 합니다만, 하나하나의 성과는 미래 사회라면 불가능한 일만은 아닌 것들로 구성해 두었습니다. 이번 편에서는 현의 특기 기술 중 하나인 '유전자회로 공정예측기술'의 공유를 요구하는 조아영 박사와 현의 신경전을 그리고 있습니다.

사람의 생명은 정보입니다. 아빠의 정자와 엄마의 난자, 세포 두 개가 만나 서로 가지고 있는 정보, 즉 유전자를 합쳐 계속 분열해 나가면 결국 사람이 되지요. 그렇다면 사람의 유전자를 마치 전자회로처럼 구성하고 잘못된 부분과 개선할 부분을 살펴 즉시 수정해 새로운 세포로 만든다면 어떤 질병이든 고칠 수 있지 않을까요. 이런 노력을 생명과학계에서는 '유전자회로 공정예측기술'이라고 부르고 있습니다.

예를 들어 앞서 말씀드린 '합성생물학'을 연구하는 과정에서, 컴퓨터 안에서 설계한 다음 가상의 세포를 만드는 일이 있습니다. 컴퓨터 속에서만 움직이는 가상의 미생물인 셈입니다. 세포가 자라나고 어떤 것을 먹고 어떤 것을 부산물로 내놓는지, 우리는 그 성질을 어떻게 이용할 수 있는지를 컴퓨터 안에서 구현합니다. 뭐 이렇게 실제 실험실이 아니라 컴퓨터 속에서 연구를 하는 것을 '드라이 랩dry lab'이라고 부르기도 하더군요.

아무튼 이런 과정을 거치다가 사람들은 이제 생명체의 대사 기능을 중 한 가지를 마치 전자기기의 회로처럼 구성하는 단계에 이르게 됩니다. 이런 과정을 여러 개 이용해 마치 레고 블럭 조립하듯 미생물을 조립할 수 있는 단계에 이르렀지요. 아시다시피 박테리아, 즉 세포 하나를 조절할 수 있다면 언젠가는 다세포 동물인 영장류나 사람에게 실험하는 것도 불가능하지는 않다는 이야기입니다.

사람의 유전자를 그렇게 자유자재로 뜯어 고치고 설계해도 되느냐는 질문이 있을 수 있는데, 아픈 사람을 고치고 건강하게 살 수 있도록 해 주는 치료기술의 개발 자체를 막을 수는 없는 일입니다. 다만 악용되는 것을 막기 위해 강력한 대응책을 마련할 필요는 있겠습니다.

잠깐 이야기가 엉뚱한 길로 빠졌습니다만, 아무튼 이 '유전자회로 공정예측기술'을 연구할 때는 생명과학자 이외에도 정보기술 전문가의 역할도 대단히 중요해집니다. 실제로 유전자의 핵심 부분, 즉 DNA 회로를 짜는 프로그래밍 언어가 등장한 적도 있다는군요.

이 소설을 처음 구상할 때부터 그래서 생명과학 분야 천재

박사와 그를 돕는 ICT 전문가의 이야기를 그려내면 어떨까 생
각했었습니다. 넓은 범주에서 보면 이 역시 합성생물학의 일종
으로 볼 수는 있을 것 같습니다.

인간이 인간의 유전자를 교정하고, 더 나아가 세포의 기능까
지 설계할 수 있다면 미래는 어떻게 될까요. 미래를 암울하게
보실 수 있고, 큰 성과를 기대하실 수도 있다고 생각합니다. 여
러분이 생각하시는 미래는 어떤 모습입니까?

알아 두면 좋은 핵심 요약

+ 사람의 유전자를 마치 전자회로처럼 구성하고 잘못된 부분과 개선할
  부분을 수정하고 새롭게 설계하는 기술이 개발 중입니다.
+ 이 방법은 합성생물학의 연장선상에서 이해가 가능합니다.
+ 마치 컴퓨터 프로그램 제작하듯 생명현상을 설계할 수 있어 '유전자회
  로 공정예측기술'이라고 부르고 있습니다.

그의 뒤를 쫓는 길(2040년)

"아. 김수민 박사. 이것 좀 하나만 처리해 줄래요? 이건 자료를 좀 찾아 봐야 될 거야."

국가생명정보기술원 산하 기술지원단 소속 김수민 연구원은 단장인 강현 박사가 갑자기 준 전자서류 뭉치를 받으며 어안이 벙벙해졌다. 가끔 현은 뜬금없이 자잘한 연구 과제를 하나씩 던져 주곤 했다.

연구에서 손을 떼고 내부 관리에 집중하기 시작한 현의 관리 능력엔 특별한 것이 있었다. 연구원 개개인의 성향에 맞춰 자율에 맡기던 기존 방식에서 벗어나 누구보다 세심하게 일을 처리해 나갔다. 수민을 대할 때 도 그랬다. 과거에는 사수인 최영일 박사에게 맡겨 두고 자신의 연구에 시간을 들였다면 지금은 어디서 들고 왔는지 인공지능만 써서 작업하면 며칠 안에 뚝딱 끝낼 수 있는 자잘한 연구를 뜬금없이 던져 주곤 했다.

수민은 이렇게 일을 받을 때마다 마치 대학원 학생이 교수로부터 숙제를 받는 느낌이 들곤 했지만, 이런 일이 의외로 반갑게 느껴지곤 했다. 이 숙제는 정말로 특별한 점이 있었다. 자신이 할 수 없는 일 중 조금만 공부하면 곧 해 낼 수 있는 수준의 자잘한 일이 눈앞에 툭툭 떨어졌다. 수민은 현이 내 주는 일을 처리해 내는 것만으로도 실무 능력이 쑥쑥 늘어나는 걸 실감할 수 있었다.

하지만 오늘은 이야기가 달랐다. 갑자기 '파인애플이 열리는 냉대기후용 침엽수'를 만들어 내라는 말에는 어안이 벙벙할 수밖에 없었다.

"예? 이걸 제가 해 보라고요?"

"맞아. 너무 동물만 들여다보지 말고 식물 유전자도 살펴봐요. 이번 건 조금 촉박하네. 몽골 아르항가이 쪽에 진출해 있는 기업에서 요청이 온 건데 늦어도 내년 안에는 묘목을 심고 싶다고 하니 가능한 빨리 결과를 주어야 할 거야."

"예. 예……."

인간 유전자 연구에 일생을 걸겠다고 결심했던 자신에게 뜬금없이 식물이라니. 더구나 일이 수월해 보이지도 않았다. 다른 맡은 일을 하면서 열심히 작업해도 적잖은 기간 야근을 반복해야 할 것 같았다. 어쩔 수 없이 알았다고 대답하는 수민의 목소리는 풀이 죽어 있었다.

✷✷✷✷✷✷

환경이란 때로 잔혹한 것이다. 기온이 온화하고 사계절이 있는 지구

중위도에 살고 있는 사람들이 있는 반면, 일 년 내내 척박한 환경과 싸워야 하는 극지방, 사막 등의 적도지방 국가에 태어난 사람들도 지구상에서 하루하루를 살아간다. 이들에겐 물과 음식을 마련하는 것조차 힘겨운 일이었다. 이들에게 '미래의 꿈'을 이야기하는 것은 잔인한 이야기이기도 했다. 적어도 몇 해 전까지만 해도.

2030년대 후반에 들어서면서 지구촌은 크게 바뀌기 시작했다. 이른바 '육종혁명'이 주목받기 시작했기 때문이다. 지구촌 누구나 식량 걱정 없이 살 수 있는 세상을 만드는 데 반드시 필요한 것은 식량이 풍부한 국가로부터의 원조가 아니라, 자국에서 식량을 생산할 길을 열어 주는 것이었다. 불과 길이 수 센티미터 정도인 잡초만이 돋아나는 몽골의 초원에서도, 시베리아의 영구동토에서도, 사하라의 사막에서도 쑥쑥 자라는 작물이 필요했다.

불가능할 것만 같았던 이 일이 가능해진 건 2035년 무렵부터다. 전혀 종류가 다른 두 종류의 식물을 교배할 수 있는 '식물 종간 장벽제거기술'이 실용화되고, 그 안전성 역시 증명되기 시작하자 자연스럽게 '개발도상국의 식량생산을 돕자'는 목소리가 나오기 시작했다. 그리고 극한 지역에서 자라는 침엽수, 사막 지역에서 자라는 다육 식물 등에 감자, 고구마 등의 뿌리 채소, 밀과 벼, 귀리 등의 곡식을 교배한 형질 전환 식물이 하나둘씩 등장하기 시작했다. 혹한의 극지에서도 기를 수 있는 곡식, 열대 사막지역에서 기를 수 있는 과일 등 새로운 품종이 사흘이 멀다 하고 발표되기 시작한 것이다.

이렇게 혹서 지역이나 사막, 열대지역 등에서 새롭게 작물을 기르려면 먼저 식물 종간 장벽제거기술을 이용한 품종개량이 필요하고, 식물마다 존재하는 '종 인식 단백질'을 찾고, 그걸 만들어 내도록 식물 유전자를 고쳐야 했고, 이렇게 개발한 종묘를 분양해 사업을 벌이는 기업도 적지 않았다. 이 분야는 이제 하나의 커다란 산업으로 성장하고 있었다.

몇 날 며칠씩 일생 보지도 않는 식물 유전자 설계도를 보던 수민은 급기야 눈앞이 노래지기 시작했다. 조금이라도 연구의 실마리를 잡아 보고자 밤이 늦도록 퇴근도 하지 않고 연구실에 남아 있던 수민은 문득 발소리가 들려 고개를 돌려 보았다. 데이터팀장을 맡고 있는 권하선 박사가 빙그레 웃으며 뒤에 서 있었다. 수민은 연구소 첫 출근 날, 홀로 당황하고 있던 자신을 발견해 단장실까지 데리고 가 소개해 준 적이 있는 하선에게 고마운 감정이 컸다.

"아. 안녕하세요. 팀장님."

"밤늦도록 뭐해요. 단장님이 수민 씨 요즘 바쁠 거라고 하면서 빙긋 웃기만 하던데."

"와……. 단장님은 정말 모르는 게 없네요. 무슨 아르고스(눈이 100개 달린 거인) 같아요."

"풉. 그런 거 아니에요. 그냥 나이든 중년 아저씨가 능글맞아서 그런 거지."

"단장님이 시키신 일이 있는데요, 저 공부할 겸 해 보라고 주신 것 같은데, 이쪽은 한 번도 해 본 적이 없어서 일일이 확인을 해야 하는데 시간이 너무 오래 걸려요."

"실험 과정 중 어떤 부분에서 그런가요?"

"인공지능시스템을 써서 가상 실험을 해야 하는데요. 데이터를 넣고, 확인하고, 그 출력을 확인하는 부분이 제일 시간이 많이 걸려요. 저는 생명과학을 하는 사람이지 ICT 전문가가 아니거든요. 이걸 어떻게 하면……."

수민은 데이터 전문가인 하선이 뭔가 도움을 주려나 싶어 일부러 들으라는 듯 중얼거렸다.

"단장님이 무슨 뜻으로 이런 일을 저한테 시켰는지 알겠네요. 이것 한

번 써 봐요."

하선은 핸드백 속을 뒤지더니 조그마한 데이터통신용 저장 장치 하나를 내밀었다.

"이게 뭔데요? 잠시만요. 어머나……."

수민은 하선이 준 저장 장치를 개인용 단말기에 연결해 보고서는 깜짝 놀랐다. 그 안에는 연구소의 고성능 인공지능과 직접 연결할 수 있고, 대용량 DNA 방식 기록 저장 장치를 활용할 수 있는, 생명과학자들이 유전자 설계 및 편집을 할 때 데이터 입출력을 보조하는 프로그램이 들어있었다. 이 프로그램 하나만 있으면 일이 몇 배는 빨라질 것 같았다. 데이터 처리 전문가 한 사람이 바로 옆에서 일을 돕는 것과 큰 차이가 없을 만큼 효율적으로 보였다. 수민은 이 프로그램을 홀로그램 화면에 띄우고 차마 입을 다물지 못했다.

"이건 제가 일을 직접 도와드리지 못할 때 단장님이 쓰는 프로그램이에요. 물론 제가 만든 거고요. 여기저기 나눠주기는 뭐한 것이 사람마다 설정을 달리해야 해서 시판하기가 힘들어요. 수민 씨가 쓸 수 있도록 조금만 고쳐왔는데, 써 볼래요?"

"예? 예. 저……. 고맙습니다."

갑자기 보물단지나 다름없는 선물을 받은 수민은 어안이 벙벙해졌다. 그저 고맙다는 말 밖에는 입에서 나오지 않았다.

"단장님은 무뚝뚝하지만 후배를 아끼는 사람이에요. 수민 씨에게 기대도 크고. 믿고 따라주세요. 서로 도울 일이 많을 거라고 생각해요."

하선이 싱긋 웃으면서 말했다.

하선이 먼저 집으로 돌아가자 수민은 빈 연구실에 홀로 남아 하선이 넘겨 준 앱을 살펴보기 시작했다. 그렇게 모니터를 바라보길 수십 분, 수민은 갑자기 왈칵 울음이 쏟아지는 것을 느꼈다. 이 앱은 단장의 연구 스타일을 철저하게 고려해서 만들었다는 점, 조금은 변형된 부분이 있지만 아무튼 이걸 제대로 사용하려면 철저히 그의 연구 스타일을 답습해야 한다는 점도 알 수 있었다. 그 두 사람이 만든 수년의 노하우, 그 핵심이 한 장의 데이터 드라이브에 담겨 수민의 손에 넘겨진 것이다.

"나 같은 게 뭐라고. 단장님은 왜 이러시는 거지."

어느덧 자정이 가까운 시간. 수민은 손등으로 눈을 훔치며 일어났다. 퇴근 준비를 하며 개인용 홀로그램 단말기를 끄고 조용히 고개를 돌려 창밖으로 눈을 돌렸다. 짙은 밤하늘 속, 몇 번이나 바라봤던 연구 단지의 야경이 갑자기 거대하게 느껴지기 시작했다. 강현 단장이 지금까지 이뤄왔던 업적의 크기를 가늠해 보고, 앞으로 자신이 해야 할 수많은 일의 중요성도 새삼스럽게 다가왔다. 이는 연구자로서 분명 기쁘고 고마운 일이었지만, 수민은 그 부담이 너무도 커 어찌할 줄 모르고 있었다.

제가 어릴 적에 생명과학을 '유전공학'이라는 이름으로 소개하는 경우가 많았습니다. 이 말은 동물이나 식물의 유전자를 공학적으로 이용하자는 의미지요. 공학이라는 단어 자체가 '생산력과 생산품의 성능을 향상·발전시키기 위한 것'이라는 뜻이 담겨 있으니까요. 생명과학을 응용해 뭔가 산업에 필요한 것을 만들어 내려는 노력의 일환이었습니다. 하지만 시간이 흐르면서 사람들은 이제 유전공학이라는 말은 잘 사용하지 않게 되었습니다.

　아무튼 이 당시에 뿌리에선 감자가, 가지에선 토마토가 열리는 식물, 그리고 열매가 몇 배나 거대해진 여러 가지 식물 등을 실험적으로 만든 사례를 소개하면서 '미래에는 동물이나 식물이 가진 특징이 무색해진다'고 소개하는 경우가 많았습니다.

　그 시절에는 유전자 편집만 잘 하면 그런 일이 얼마든지 가능하리라 생각했기 때문에 이런 상상이 나올 수 있었습니다만, 이미 유전자 편집이 가능해진 현대에 와서 보니 사정이 좀 달랐습니다. 유전자 편집 이상으로 중요하고 복잡한 여러 가지 조건들, 예를 들어 단백질 구조, 면역학 등 수많은 생명과학적 조건이 발견되면서 추가로 해결해야 할 숙제가 있다는 사실을 알게 되었기 때문이지요.

이 과정에서 종의 특성도 문제가 되었습니다. 동물을 예로 들면 개와 늑대는 비슷하지만 다른 종입니다. 두 종 사이에서 한 번은 새끼를 낳을 수 있는데, 늑대개라고 부릅니다. 늑대개는 새끼를 낳을 수 없기 때문에 늑대와 개는 서로 다른 종입니다. 종이 다르면 서로 새끼를 낳아가며 유전적 장점을 교류할 수 없지요.

이 '종간 장벽' 문제를 동물에서 해결하려는 시도도 일부 있지만, 우선은 식물에서 해결하려는 노력이 많이 이뤄지고 있습니다. 사실 생명과학계에서는 상당히 오래된 시도였는데요, '한국 육종학의 아버지'로 불리는 우장춘 박사가 배추를 유채, 양배추 등과 교배하면 엉뚱하게도 갓(갓김치를 만드는 그 갓입니다), 황겨자로 다시금 태어난다는 사실을 밝혀내 주목받은 적이 있습니다. 무슨 이야기인가 하면 종간 교배를 하면 과거에 없던 전혀 새로운 형질이 태어나거나, 그와 비슷한 다른 품종으로 거듭날 가능성이 크다는 것이지요.

이런 복잡한 일련의 과정을 해결하기 위한 기술들을 현대에는 '식물 종간 장벽제거기술'이라고 부릅니다. 위의 소설에선 2030년 이후 이 기술이 크게 성장하면서 이른바 육종혁명을 일으켰다는 대목이 나오지요. 주인공 수민은 강현 단장에게 '몽골 냉대기후에서 자라는 파인애플을 만들어 내라'는 지시를 받기에 이릅니다. 이런 일을 당연하게 요구받는 세상이 언젠가는 올지 모른다는 뜻이지요.

그때가 되면 사막이나 동토에서 농작물을 기를 수 없다는 이야기는 잘못된 상식에 불과한 것이 될지 모릅니다. 과거엔 척박하던 버려진 땅이 속속 거대한 농장으로 바뀐 사례를 찾아보는 것도 그리 어렵지 않겠지요. 식량 걱정이 없는 세상, 척박한 땅이 없는 세상을 만드는 일을 생명과학자들이 앞장서고 있는 셈입니다.

+ 식물의 '종간 장벽'을 극복할 수 있다면 여러 가지 다양한 혁신이 가능해집니다.
+ 전혀 새로운 품종을 만들어 내거나, 기존 식물의 단점도 극복할 수 있게 되지요.
+ 미래에는 이런 '식물 종간 장벽 제거기술' 덕분에 기존 농업의 한계를 극복한 새로운 시장이 열릴 것으로 보입니다.

PART 4

바이오, 더 이상의
'팬데믹'은 없다

Chapter 8

세이프 콘택트
세상이 온다

2020년, 그리고 2021년. 2년이라는 긴 시간 동안 지구는 마치 정지된 것처럼 보였습니다. 해외여행을 가기 어려웠고, 어딜 가나 마스크를 쓰고 다녀야 했지요. 우리를 급습한 코로나19로 인해 우리의 삶은 크게 피폐해졌습니다. 하지만 과학은 여전히 진보하고 있고, 우리는 미래에 대비하고 있습니다. 이런 연구가 하나둘 모여 결실을 보기 시작하는 미래, 우리의 삶은 어떻게 바뀌어 있을까요?

과학이 결국 승리한다(2041년)

2041년 어느 날. 국가생명정보기술원 2년차 연구원 김수민 박사는 여전히 눈코 뜰 새 없이 바쁜 하루를 보내고 있었지만, 그래도 법으로 정해진 주당 근무시간을 한계까지 채우고 나면 가끔은 여가를 보낼 수 있었다.

그녀가 오늘 휴일을 보내기로 작정한 곳은 연구단지 옆 도심, 자동차로 한 시간 거리 바닷가에 들어선 복합 해양타운이었다. 지상과 바닷속을 하나로 연결하는 120층 복합시설인데, 바닷속 풍경과 지상 풍경을 한눈에 볼 수 있는 초고층 전망 엘리베이터 시설로 큰 인기를 끌고 있는 곳이다. 수민은 오늘 하루 휴일을 위해 꼭대기 층 전망대 레스토랑을 한 달 전부터 예약해 뒀다. 정확하게는 수민이 아니라, 그녀의 새 남자친구 김영식이 새벽부터 온라인 매표소에 예약을 걸어서 따낸 예약이었다. 흔히 볼 수 있는 세포배양식 축산제품이 아닌 진짜 소고기로 만든 요리를 맛볼 수 있는 곳이다. 유통 물량이 제한적이다 보니 어렵게 예약을 해야 한다.

이날 아침, 수민은 자율주행자동차를 불러 타고 목적지로 향했다. 약속한 장소로 가던 수민은 자신이 '초대형 복합시설'에 입장하려면 자동 검역시스템에서 인증을 받아 두어야 한다는 사실이 떠올랐다. 공항을 이용할 때, 외국을 오고 갈 때 등도 같은 인증을 요구한다.

그렇다면 인증을 못 받은 사람은 복합몰도 이용하지 못 하고, 외국도 다닐 수 없다는 뜻인가 싶겠지만 발전된 첨단 사회 시스템은 그런 불편함을 해소하고도 남았다. 출생 후부터 예방접종 시스템에 맞춰 수두, 볼거리 등의 백신과 함께 호흡기 바이러스 백신도 맞게 돼 있는 데다, 직장 건강검진시스템에 맞춰 주기적으로 면역을 관리하고 필요하면 부스터샷(면역을 높이기 위해 추가로 맞는 주사)을 맞거나, 먹는 백신을 처방해 줘 감염병에 걸리지 않도록 관리한다. 사회 전체가 시스템적으로 '집단면역'을 유지하고 있는 셈이다. 이런 집단면역시스템의 체계에 속해 있지 못한 사람은 대중 시설을 이용할 때 제한을 받는데, 종교적 이유 등으로 백신을 거부하는 사람 등은 사람이 많은 곳에서 자기도 모르게 감염될 가능성이 크고, 또 새로운 질병을 퍼뜨릴 가능성도 생기는 것을 막으려는 조치다.

이 국제적 시스템을 갖추기 시작한 건 2020년대 후반부터였다. 2019년 말부터 유행하기 시작해 전 세계를 강타했던 코로나19 이후, 인류는 '더 이상 감염병을 이대로 방치해선 안 된다'는 결론에 도달했다. 국제적으로 백신 보급이 시작됐고, 과거와는 비교도 할 수 없는 첨단 백신 개발시스템, 면역학 연구 성과, 감염 방지를 위한 사회시스템 등의 연구 성과가 쏟아져 나오기 시작했다. 코로나19는 인류에게 재앙이었지만 결국 인류는 이를 극복하고 더 안전하고 쾌적한 방역시스템을 완성한 셈이다.

수민은 자율주행차에 앉은 채 자신의 인공지능을 호출했다.

"대형 쇼핑몰에 가야 해. 내 검역 상태는 어때?"

"정기 건강검진 때 '체외 면역시스템'을 통한 맞춤형 '나노 백신' 접종 완료. 3개월 경과 현재 검역 점수 970점, 현재까지 알려져 있는 모든 유행성 질병에 대해 면역을 확보하고 있습니다. 검역문제로 이용이 불가능한 시설은 없습니다."

"바이오 개인정보 유효기간 문제 있는 것 아니야?"

"지난번 그래서 중국 입국을 못 할 뻔하셨죠? 아직 유효기간이 9개월 정도 남아있습니다."

"땡큐! ID카드의 검역점수도 갱신돼 있는 거지?"

"지금 마쳤습니다. 좋은 하루 되십시오."

쇼핑몰의 자동 검역 출입구. 검역정보 갱신이 돼 있지 않은 사람은 손목의 ID 칩을 확인해 즉시 경보가 울리지만 그녀는 아무 일 없다는 듯이 걸어서 통과해 120층 전망대에 올랐다. 오늘은 오랜만에 남자친구를 만난다는 생각에 한껏 멋을 부리고 나온 터였다. 햇살이 드리우는 120층 레스토랑 앞 대기석에 앉아 영식을 기다리고 있었지만 그는 약속시간이 한참을 넘겼는데도 나타나지 않고 있었다.

"호오. 뭐야. 이 중요한 날 늦는다 이거야? 제정신이야?"

화가 슬슬 치솟기 시작한 수민은 그에게 강제 음성 콜을 걸었으나 연결되지 않았다.

이미 레스토랑 예약시간은 한참 지난 시간. 수민은 하늘하늘 원피스를 챙겨 입은 채 물끄러미 앉아 있을 수밖에 없었다. 얼마나 시간이 지났을까. 슬슬 화보다 걱정이 앞서기 시작할 무렵, 영식으로부터 겨우 전화가 걸려왔다.

"미안합니다. 병원에 계신 부모님이 갑자기 상태가 좋지 않으셔서, 경황이 없었어요."

"어머. 그런 줄 몰랐어요. 지금은 괜찮으신가요?"

"면역 질환에 대해 치료를 하고 계신데, 사이토카인 폭풍 등의 징조가 보여 긴급히 면역 억제제 등을 투여했어요. 합성면역 치료를 새롭게 시작하기로 하고, 지금은 좀 안정되셨어요. 제가 지금이라도 갈 테니까……."

"정말 큰일 날 뻔했네요. 이런 날 나오시면 안 돼요. 오늘은 부모님 곁에 있어 드리세요."

영식을 달래고 나니 수민은 홀로 할 것이 없었다. 복합 쇼핑몰을 홀로 거닐며 해저풍경을 관람하던 것도 잠시, 이왕 이렇게 된 거 평소 가지고 싶었던 것들을 살 생각으로 쇼핑몰 내부를 구경하며 다니기 시작했다. 시간이 얼마나 지났을까, 대부분의 물건은 구매와 동시에 집으로 배송해 달라고 요청한 후, 가벼운 물건 한두 가지만 손에 들고 집으로 향하기 시작했다.

최근엔 쇼핑몰 내 매장은 물품을 판매한다기보다는 샘플을 보여 주는 의미가 강하다. 고객들은 대부분 물품을 확인만 하고 집으로 배송을 해 달라고 요구하는 경우가 많다. 늦어도 하루, 빠르면 집에 도착하면 택배가 먼저 와 있다. 로봇과 드론을 이용한 초고속 배송시스템 덕분이다. 2020년대 코로나19가 유행하며 '언택트'가 미덕이던 시절, 수없이 많아진 택배물량은 대량의 쓰레기를 낳았고 사회적 문제로 대두되기 시작했다. 그러나 2040년 현재는 합성미생물 기술을 응용한 '친환경 고분자 미생물' 생산기술이 대중화되면서, 이른바 썩는 플라스틱과 포장재가 생산되기 시작했다. 이제는 일회용품을 많이 사용한다고 환경오염을 걱정하는 사람은 별로 없다. 다만 아직 가격이 비싸 개발도상국용 저가 생산기술개발을 사이언스피스 등 국제 환경 단체가 한창 연구 중이다.

쇼핑을 마치고 집으로 돌아가는 시간, 수민은 자율주행차 속 차창 밖 풍경을 바라보며 여러 가지 생각에 잠겼다. 연구소에 입사한 지도 벌써 1년이 훌쩍 지났다. 짧은 시간 안에 어엿한 한 사람의 연구자로 거듭날 수 있었고, 이제는 사고뭉치 지각대장 이미지를 벗고 누구나 인정하는 실력 있는 연구자로 학계의 주목도 받기 시작했다. 새 남자친구는 다정하고 착실했고, 부모님은 모두 건강하시고, 적지 않은 연봉 덕분에 생활도 불편한 것이 없었다.

수민은 무엇 하나 부족한 것 없는 지금의 삶이 강현 단장의 전폭적인 지원 덕분이라는 것을 잘 알고 있었다. 그의 부인이자 데이터팀장인 권하선 박사도 압도적 성능의 업무보조시스템을 제공해 줘 자신의 단점을 메꿔 주었다.

수민은 자율주행차에 탑승한 채 일부러 택배 배송을 시키지 않고 직접

들고 온 상품 하나를 두 손에 꼭 쥐고 물끄러미 바라봤다. 그리고 자율주행 인공지능에게 집이 아니라 연구소로 가달라고 명령했다. 오늘은 그동안 강현과 권하선에게 제대로 하지 못했던 말, '정말로 고마웠다고, 이만큼이나 보살펴 주셔서 정말로 감사하다'고, 작은 선물과 함께 꼭 제대로 이야기해야겠다고 그녀는 다짐하고 있었다.

팬데믹 걱정 없는 세상의 조건

　2022년 현재, 아직도 세상은 '단절' 속에 살고 있습니다. 코로나19로 인해 여행도 가지 못하고, 여러 친구와 함께 식사자리도 가지기 어려운 생활이 계속되고 있습니다. 이런 '팬데믹 세상'이 되면서 우리는 우리가 가진 과학기술의 부족함을 여실히 깨달을 수 있게 되었고, 그 약점을 보완하기 위한 노력도 이어지게 되었습니다.

　첫 번째는 백신, 즉 예방약을 빠르게 또 더 효과적으로 개발하고 보급하는 기술입니다. 이 과정에서 우리는 과거에 없었던 유전전달물질 백신ₘRNA 등을 개발하고 보급하는 기술을 얻게 되었습니다. 앞으로 이런 기술은 더 발전해 나가겠지요. '국가생명공학정책연구센터'는 2021년 바이오 미래유망기술 10선을 통해 '개인 맞춤형 체외 면역시스템'과 '나노백신/나노항체'를 미래의 유력한 기술로 뽑았습니다. 개인 맞춤형 체외 면역시스템은 사람의 몸에서 뽑아낸 세포를 이용해 유사장기시스템, 즉 오가노이드를 만들고 이를 통해 개개인의 면역 상태를 미리 확인한 다음 최적의 효과와 최소의 부작용을 갖는 백신을 골라 맞을 수 있게 하는 기술입니다. 나노백신/나노항체 기술은 나노미터(10억분의 1m) 단위로 백신이나 항원, 항체 입자를 정밀하게 조절해 백신의 효과를 극대화 하는 기술을 뜻합니다. 위 소설에선 김수민 박사가 사람이 많은 곳에 가기 전 미리 자신의 예방접종 상황을 점검하는 모습이 나옵니다.

이처럼 면역학이 발전하다 보면 면역으로 병을 예방만 하는 것이 아니라 치료를 하는 것도 가능해집니다. 따라서 미래에는 이것을 '면역치료'라고 하고, 흔히 말하는 3세대 항암제, 즉 면역항암제도 이와 같은 원리입니다. 수민의 남자친구가 부모님을 치료하는 과정에서 '합성면역' 치료를 했다는 이야기가 나오는데, 이 역시 면역치료법을 개발하기 위한 중요한 기술 중 하나이지요.

전염병이 꼭 사람에게만 돌지 않습니다. 동물들에게 도는 경우도 있고, 또 사람과 동물이 함께 걸리는 '인수공통전염병'이 돌기도 합니다. 따라서 팬데믹 상황에선 축산업의 붕괴를 예상할 수 있습니다. 이에 대비해 미래에는 세포를 배양해 고기를 공장에서 만드는 '세포배양 축산기술'이 주목받을 거라는 예측도 2021년 미래 10대 기술에 선정되었습니다.

사회시스템이 언택트를 중심으로 변화하다 보니 필수적으로 택배 배송이 많아지고 있고, 이로 인해 일회용품 사용이 늘고 있습니다. 이 과정에서 썩지 않는 플라스틱 사용도 늘어 사회 문제가 되고 있지요. 미래에는 합성생물학을 통한 '친환경 고분자 미생물' 생산기술이 등장하면서 썩는 플라스틱이 등장할 것이고, 이로 인해 일회용품 사용 제한이 해소될 거라는 예측도 있습니다.

코로나19로 인해 사람들이 아예 만나지 못하는 '언택트' 시대가 오는 것 아니냐는 이야기가 많았지요. 앞으로 우리 인류는 언택트 시대를 살아가게 될 것이니 거기 대비해야 한다는 이야기도 많았습니다.

물론 감염병을 막기 위해서는 언택트는 필수 조건이기는 합니다만, 그렇다고 모든 상황에서 언택트만을 강조하는 것은 바람직하지 않습니다. 코로나19는 언젠가 종식될 것이고, 필요한 부분에 대해서는 다시 콘택트, 즉 서로 접촉을 하는 문화가 되살아나야 합니다. 다만 언택트로 인해 편리해진 점은 앞으로도 적극 활용할 필요가 있습니다. 예를 들어 과거에 화상 회의 같은 것은 대면 회의보다 매우 불편한 것으로 치부됐지만, 이제는 감염병과 관계없이 효율적이라면 선택할 수 있게 되었지요.

이 과정에서 최대한 안전함과 편리함을 유지하면서 콘택트를 유지하는 사회, 이른바 '세이프 콘택트 safe contact(안전한 접촉)' 문화를 만들어 나갈 필요가 있다고 개인적으로 주장하고 있습니다. 위 소설에선 사람들이 자유롭게 쇼핑몰도 가고 여행도 가는 장면이 나옵니다만, 그렇다고 대응책을 마련하지 않는 것은 아닙니다. 개개인의 면역을 관리하고 면역이 취약한 사람은 사람이 많은 곳을 출입을 제한하는 등의 방법을 보여 줍니다. 이 과정에서 ICT 기술을 최대한 활용한 검역시스템 등의 발전 등은 필수적이겠지요.

우리는 코로나19로 쌓은 경험을 토대로 더욱 편리한 언택트 문화, 더 안전한 '세이프 콘택트' 문화를 만들어 나가기 위해 앞으로도 계속해서 노력해 나가야 할 것 같습니다. 그렇게 될 것을 예견하기에 앞서 그렇게 만들어 나가야만 하지 않을까 생각해 봅니다.

알아 두면 좋은 핵심 요약

✦ 미래에는 '개인 맞춤형 체외 면역시스템'과 '나노백신/나노항체' 기술을 통해 매우 효과적인 백신 체계가 등장할 것으로 보입니다.

+ 면역학이 발전하면서 면역을 이용한 효과적인 치료법, 이른바 면역치료 기술이 등장하겠지요. 이 과정에서 '합성면역' 등의 기술이 주목받을 것으로 보입니다.
+ 팬데믹 시대에 대비해 식량공급과 쓰레기 문제 등 사회 문제를 해결하려는 노력도 필요합니다. '세포배양 축산기술'이나 '친환경 고분자 생산 미생물' 등이 그 대표적 사례가 될 것 같습니다.

한국생명공학연구원 '국가생명공학정책연구센터' 홈페이지 연재 순서

* 홈페이지 연재 제목은 책에 기재된 제목과 약간 다를 수 있습니다.

2019년

2019 바이오 미래유망기술의 이야기 - 제1화 "DNA기록기 · 분자레코딩 기술" 편

2019 바이오 미래유망기술의 이야기 - 제2화 "조직별 면역세포의 세포체 지도" 편

2019 바이오 미래유망기술의 이야기 - 제3화 "자기조직화 다세포 구조" 편

2019 바이오 미래유망기술의 이야기 - 제4화 "역노화성 운동모방 약물" 편

2019 바이오 미래유망기술의 이야기 - 제5화 "광의학 치료기술" 편

2019 바이오 미래유망기술의 이야기 - 제6화 "암 오가노이드 연계 면역세포 치료기술" 편

2019 바이오 미래유망기술의 이야기 - 제7화 "미토콘드리아 유전체편집을 통한 대사조절 기술" 편

2019 바이오 미래유망기술의 이야기 - 제8화 "식물공장형 그린 백신" 편

2019 바이오 미래유망기술의 이야기 - 제9화 "플라스틱 분해 인공미생물" 편

2019 바이오 미래유망기술의 이야기 - 제10화 "유전자회로 공정 예측기술" 편

2020년

2020 바이오 미래유망기술의 이야기 - 제1화 "프라임 에디팅" 편

2020 바이오 미래유망기술의 이야기 - 제2화 "Cryo-EM 생체분자 구조분석기술" 편

2020 바이오 미래유망기술의 이야기 - 제3화 "공간 오믹스 기반 단일세포 분석기술" 편

2020 바이오 미래유망기술의 이야기 - 제4화 "조직내 노화세포 제거 기술" 편

2020 바이오 미래유망기술의 이야기 - 제5화 "디지털 치료제" 편

2020 바이오 미래유망기술의 이야기 - 제6화 "실시간 액체생검" 편

2020 바이오 미래유망기술의 이야기 - 제7화 "엽록체 바이오공장" 편

2020 바이오 미래유망기술의 이야기 - 제8화 "식물 종간 장벽제거기술" 편

2020 바이오 미래유망기술의 이야기 - 제9화 "무세포 합성생물학" 편

2020 바이오 미래유망기술의 이야기 - 제10화 "바이오파운드리" 편

2021년

2021 바이오 미래유망기술의 이야기 - 특별회 "감염병 대응 미래 5대 기술" 편(개인 맞춤형

체외 면역시스템, 합성면역, 나노백신/나노항체, 세포배양 축산기술, 친환경 고분자 생산 미생물)

소설로 알아보는 바이오 사이언스

초판 1쇄 발행 2022년 2월 21일
   3쇄 발행 2023년 10월 30일

지은이 전승민
펴낸이 오세인 | **펴낸곳** 세종서적(주)

주간 정소연 | **편집** 박수민
표지 디자인 정윤경 | **본문 디자인** 김미령 | **일러스트** 조진호
마케팅 임종호 | **경영지원** 홍성우
인쇄 탑프린팅 | **종이** 화인페이퍼

출판등록	1992년 3월 4일 제4-172호
주소	서울시 광진구 천호대로132길 15, 세종 SMS 빌딩 3층
전화	마케팅 (02)778-4179, 편집 (02)775-7011
팩스	(02)776-4013
홈페이지	www.sejongbooks.co.kr
네이버 포스트	post.naver.com/sejongbooks
페이스북	www.facebook.com/sejongbooks
원고모집	sejong.edit@gmail.com

ISBN 978-89-8407-977-9   43470